导读

软装的每一个区域、每一种产品都是整体环境的有机组成部分。在商业空间与居住空间中所有可移动的元素都可统称为软装，也可称为软装修、软装饰。

本书集聚国内外优秀的理论知识和应用案例，对安德鲁·马丁国际室内设计大奖获奖作品进行解读，并分版块介绍了公寓、度假屋和民宿、餐厅和酒吧、 办公室等元素在空间中与“裸露”的运用。解答了读者关于“裸露”元素运用的困惑，如“斑驳的空间如何柔化？”“粗犷的空间如何精致化、舒适化？”“冰冷机械的空间如何有温度？”等等。希望读者能借此书掌握一套切实可行的低成本、高回报的装饰手法，让我们的空间“去包装，减负担”，空间舒适度和艺术性却有增无减。今后，“无装感”的空间将以更多元的姿态走进我们的生活。

献给生命里那份不羁和坦诚

裸露的软装

——袒露材料的智慧

国际纺织品流行趋势
软装mook杂志社 编著

江苏凤凰文艺出版社
JIANGSU PHOENIX LITERATURE AND ART PUBLISHING, LTD

图书在版编目（CIP）数据

裸露的软装 ：袒露材料的智慧 / 国际纺织品流行趋势软装 mook 杂志社编著 . -- 南京 ：江苏凤凰文艺出版社，2018.10

ISBN 978-7-5594-2963-6

Ⅰ. ①裸… Ⅱ. ①国… Ⅲ. ①室内装饰设计 Ⅳ. ① TU238.2

中国版本图书馆 CIP 数据核字 (2018) 第 222518 号

书　　名	裸露的软装 —— 袒露材料的智慧
编　　著	国际纺织品流行趋势软装mook杂志社
责任编辑	孙金荣
特约编辑	高　红　刘思彤
项目策划	凤凰空间/郑亚男
封面设计	郑亚男　王雨佳
内文设计	许岳鑫　高　红　诺　敏
出版发行	江苏凤凰文艺出版社
出版社地址	南京市中央路165号，邮编：210009
出版社网址	http://www.jswenyi.com
印　　刷	上海利丰雅高印刷有限公司
开　　本	889 毫米×1 194 毫米 1/16
印　　张	16
字　　数	128千字
版　　次	2018年10月第1版　2023年3月第2次印刷
标准书号	ISBN 978-7-5594-2963-6
定　　价	258.00元

（江苏凤凰文艺版图书凡印刷、装订错误可随时向承印厂调换）

目 录

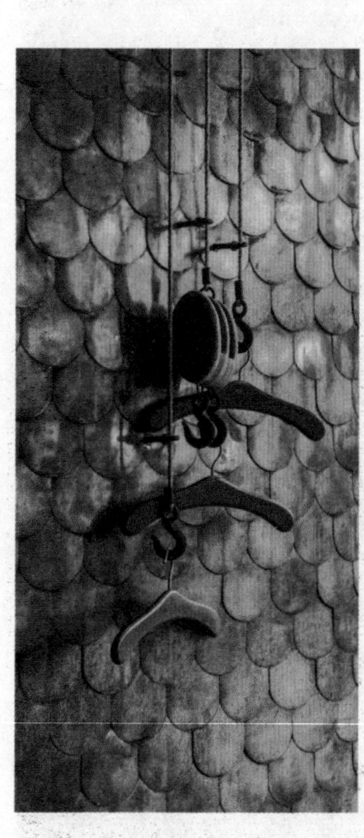

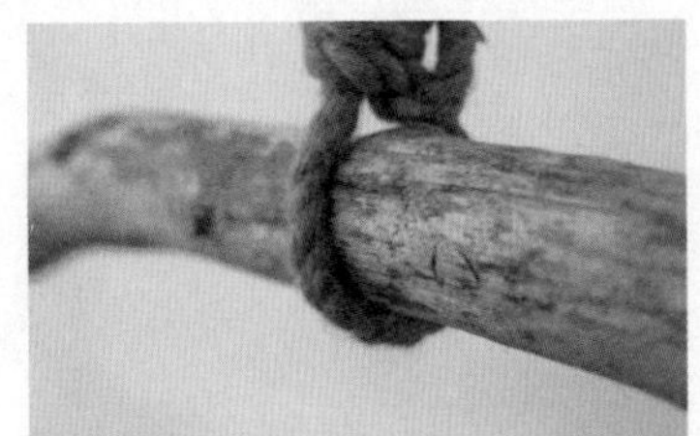

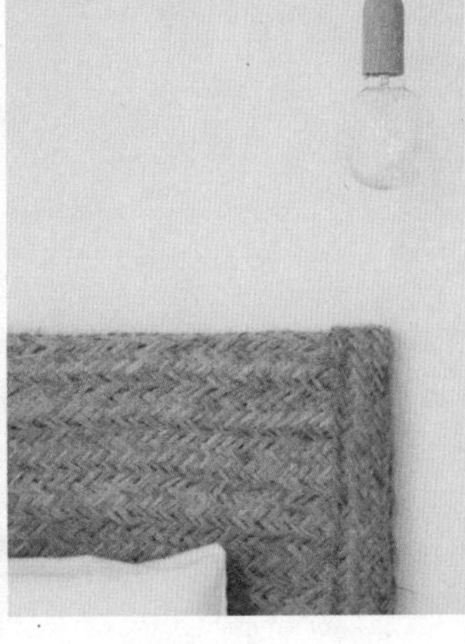

裸露石的冰冷、粗犷、单调之感，亦有妙招化解，让空间充满勃勃生机

1

“裸露”的软装概述

- 软装的定义及构成元素
- 国内外软装发展趋势
- “裸露”的含义

01 软装的定义及构成元素

相对硬装而言，建筑和空间硬装完成之后的很多工作，都属于软装范畴，包括家庭住宅、商业空间，如酒店、会所、餐厅、酒吧、办公空间等等，只要有人类活动的室内空间都需要软装陈设。它是一个集整体环境气质、空间美学、陈设艺术、生活功能、材质风格、意境体验、个性偏好，甚至风水文化等多种复杂元素的创造性融合产物。

2012 年后，中国成为世界第二大经济体。这充分说明，中国的社会生产力已经发展到较高水平，而人民的生活水平也已大幅提高，吃饱穿暖不再是我们生活的首要需求，人们对生活品质有了更高的追求，而软装这个行业正是为提高人们的生活品质而存在的。软装历来就是人们生活的一部分，它是生活的艺术。在古代，人们已懂得用鲜花和油画等来装饰房屋，用不同的装饰品来表现不同场合的氛围。现代人则更加注重用不同风格的家具、饰品和布艺来表现自己独特的品位和生活情调。随着经济全球化的发展，物质的极大丰富带给人们琳琅满目的商品和更多的选择，怎么样的搭配更协调、更高雅、更能彰显居者的品位，成为一门艺术，于是诞生了软装饰行业。

现代软装的构成元素主要分为：

（1）家具：包括支撑类家具、储藏类家具、装饰类家具。如沙发、茶几、床、餐桌、餐椅、书柜、衣柜、电视柜等，在生活，工作或社会实践中供人们坐、卧、或支撑与储存物品的一类器具与设备。家具不仅仅是一种简单的功能性产品的存在，同时也是一种广为普及的大众艺术，在满足某些特定用途的同时，兼备一种观赏性，从而获得一种精神满足。

（2）饰品及画品：一般为摆件和挂件等工艺品，包括陶瓷摆件、铜制摆件、铁艺摆件，以及挂画、插画、照片墙、相框、漆画、壁画、装饰画、油画等。饰品不仅是家居中的一种摆设，也是主人个人品位的彰显，能为整个家居空间注入一份潮流气息，增添一份个性美。而画作的置入在整个室内环境中添入的是一份灵动气息，这一份艺术之美让整体风格多了一种人文关怀的味道。

（3）灯饰：是指能透光、分配和改变光源分布的器具，包括吊灯、立灯、台灯、壁灯、射灯等。灯饰不仅仅起着照明的作用，同时还兼顾着渲染环境气氛和提升室内情调。

（4）布艺织物：包括窗帘、床上用品、地毯、桌布、桌旗、靠垫等。好的布艺设计不仅能提高室内的档次，使室内更趋于温暖，更能体现一个人的生活品味。布艺在现代家庭中越来越受到人们的青睐，如果说家庭使用功能的装修为“硬饰”，而布艺作为“软饰”在家居中更独具魅力，它柔化了室内空间生硬的线条，赋予居室一种温馨的格调，或清新自然，或典雅华丽，或情调浪漫。

（5）花艺及绿化造景：包括鲜花、干花、花盆、艺术插花、绿化植物、盆景园艺、水景等。毋庸置疑，花草、盆栽在我们的生活中是不可或缺的存在。它的出现让整个环境少了一种死沉的静，而多了一份阳光又不失灵气的动。

02 国内外软装发展趋势

国外：室内软装设计最早可追溯至古埃及时期，通过许多的考古就可以看到当时王室对生活的极致追求。而经济高度繁荣的古希腊地区，在室内环境上更注重明媚、浓艳的色彩和精美陈设的搭配，那些陶器、质地柔软的纺织品就是很好的例证。文艺复兴时期，英国伟大的剧作家、诗人莎士比亚曾说过：“没有德行的美貌是转瞬即逝的，可是因为在你的美貌中，有一个美好的灵魂，所以你的美貌是永存的。”可见，文艺复兴时期的理性化、人性化、强调人文主义的思想倾向。文化艺术的中心逐渐从宫殿转移到民众中，绘画艺术、雕刻艺术也开始运用于装饰和艺术品上，色彩华贵、庄重，线条上曲直相伴而后又形成了巴洛克风格、洛可可风格等。到 20 世纪初，新技术、新材料、新工艺给建筑和室内设计带来了划时代的革新。伴随着工业革命，装饰艺术进入到了新的高度。工艺美术运动以及新艺术运动都是为少数人服务，无法做到普及化，从而使自己走进了死胡同。表现出的是浑厚和庄重，尺寸加大，体态丰硕；装饰上，更多地追求求多、求满、求华丽富贵；制作上，汇集雕、嵌、描、绘、堆漆、剔犀等高超技艺。到了 1928 年密斯·凡·德·罗 (Ludwig Mies Van der Rohe) 提出了著名的功能主义美学口号“少即是多”，提倡纯净简洁的建筑表现。著名的现代主义经典椅子——巴塞罗那椅，充分表现了德国的民族文化精神。国外设计行业发达，可是他们并没有将硬装和软装从建筑中分离开来，全程的建筑设计都把室内设计以及室内设计相关的陈设设计包含在内，基于业主生活出发，设计师为对方定制生活，与业主沟通他们的生活习惯、色彩喜好、职业要求等，从而为其进行设计。

国内：我国的传统建筑装饰、色彩在建筑史上占有重要位置，家具的陈设更是别具一格。商周时期，雕刻饕餮纹、龙纹的青铜器呈现出庄重、凶猛的气息。春秋战国时期，楚式家具装饰了鹿、蛇、凤尾的巫文化，更是给软装带来了神秘色彩。汉朝时期，在其地砖、梁、柱、墙壁、门窗、天花等大量运用了花纹题材，这题材都以铸、彩绘和雕的方式巧妙地用在建筑身上。隋唐时期，其家具在使用功能基础上，添加了更多的美学基础，贴近生活与自然，其壁画多描绘的是现实生活题材，五彩缤纷的色彩表现出了宏博华丽的雄伟气魄。直至宋代，理性思想更加浓烈，方方正正的家具讲究比例协调、造型挺秀隽美，直线部件榫卯、结构简洁而大气；装饰上，追求朴素雅致，讲究圆满；在材料上，以木材为主，如杨木、榉木、榆木等软木及少量的红木，其家具几乎基于他的使用功能之上，不做大面积的修饰，整体给人温文尔雅、纤弱婉转的品性。明清家具更是带来一场视觉、触觉盛宴，在其造型上，明代家具更注重造型的简练以线条为主；在结构上的严谨；在装饰上繁简相宜；木材选择上注重其纹理美。王世襄先生用：“简练、厚拙、圆浑、秾华、文绮、研秀、劲挺、柔婉、空灵、玲珑、典雅、清新，”十二品高调地点评了明式家具。

现在的中国，设计师在撇开了“模仿”和“拷贝”中整理出了一套符合现代审美、消费市场的新中式风格，孕育出含蓄秀美的姿态。用现有的新材料和中式元素相互柔和，以新的面貌呈现出华夏的文明，在现在的软装视觉上占有重要位置。

软装行业于上世纪在中国兴起，在一线城市非常流行，而在中西部地区，还处于起步阶段。以前，国内软装设计是主要为中高端人群设计，普通住宅客户并没有那么普及，从地域范围可以看出，国内的软装设计机构主要出现在一线城市范围，如上海、北京、广东、深圳等经济发达区。只有少数的工装或高端家装公司专门设置了软装设计部门，其消费对象也大多数是酒店、会所、样板间等。近几年来，这种情况出现了明显的改观。随着信息的流通，仿佛一夜之间，民众的审美“大爆炸”，对软装的需求也井喷式增长。

据《2016-2022 年中国家居软装市场竞争格局及投资前景分析报告》指出：全国 33 个省会城市，393 个地级城市，近 3000 个县级城市，软装饰的年消费能力高达 2000~3000 亿元；一个 10 万人口的小县城，软装饰年消费能力不低于 1000 万元。中国家居饰品产业经济增长速度是 GDP 增长速度的 400% 以上。从 2000 年至今，全国家居饰品消费量以年均 30% 以上的速度增长。2012 年将超过 1.3 万亿元。

21 世纪在产品设计与装饰中追求简洁空间与软装陈设手法的恰当衔接，成为以绿色、环保、生态为追求的现代设计与装饰的主角。现如今的设计更趋向于多元化、个性化、专业化。

03“裸露”的含义

裸露是一个汉语词汇，拼音是 luǒ lù，指暴露在外，没有遮盖或遮蔽。

简单来说：“把房子倒过来，用力去摇动，能从空间里面掉出来的是软装，而倒不出来的就是硬装。”现在的家居装饰已开始慢慢脱离了那种华丽装饰而去追求一种最原始、最本真的模样。保持材质最原本的模样以传达设计的理念，这已经成为很多有思想的设计师所追寻的原则。所以“裸露”软装即是将室内软装的各种元素的本质材料不经与其他材料的混合，原汁原味地运用于空间设计中。

2

善于“裸露”的5种素材

■01金属

■02裸砖（石）

■03裸顶与吊灯

■04水泥

■05原木

5种基本元素带你走进“裸露”的时代

将“无装感”进行到底

01 金属

自工业革命起，大量的金属制生活用品开始源源不断地出现在人们的生活中。由此，在“裸装”中，金属成为了一个不能绕开而谈的元素，历久弥新。

当金属元素应用在室内设计中时，裸露的金属元素带给人以浓浓的工业风格。裸露金属的空间特效：

1）裸露金属往往能获得可遇而不可求的艺术机理。

2）裸露金属有一种野性不羁的效果，所以有一个形容词叫“重金属”风格。

3）功能性管道的裸露是属于减成本，加创意。

4）由于金属的延展性和可塑性强，金属可以以任何形态出现：高冷（如图 1-1）、浓艳（如图 1-2）、沧桑（如图 1-3）、未来（如图 1-4）……

图 1-3

图 1-1

图 1-2

图 1-4

裸露金属的空间手法：

1）锈蚀的效果

锈蚀是比较流行的用法，生了绣的金属板或者金属件，能呈现油画或皮革般肌理和色彩效果，具有年代感和艺术性。这种手法的散布得益于各种工业区的艺术改造。典型的是作为德国工业区的心脏鲁尔工业区，在这个工业区中，著名的鲁尔博物馆和红点设计博物馆内部，不管是墙壁还是地面，还是梁、柱、楼梯、展架都有大面积的原工业遗址的锈蚀的工业构建保留下来。

这种锈蚀的效果之前在建筑外立面和一些工业风的loft空间中的比较常用，近年来却以各种“身姿”进入“百姓家”。锈蚀属于来自大自然界这个天然涂色大师的作品，亦属于时光塑造的艺术，拥有天然的亲和力。这种立面除了艺术效果突出（如图1--5，1-6，1-7，1-8）还具有易于打理，愈久弥新的特点。但需要设计者提前考虑的是“想要的锈色是冷是暖，是深是浅”，因为这关乎选用金属或者合金的种类。就像园丁，要清晰地知道自己所种之花的品种和习性。

▲ 图1-5

▲ 图1-6

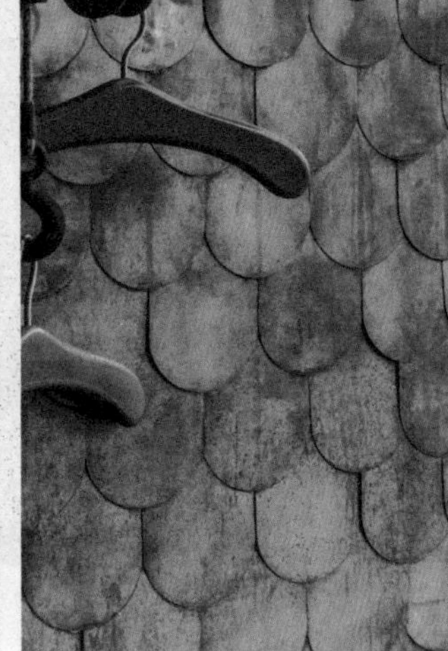

▲ 图1-7

▲ 图1-8

2）袒露金属管道

管道，即是有功能保证的管道，同时，它们也是房间的“内部装饰”，这些管道“装置”只不过是它们本来的样子。将管道袒露出来，是最早流行于20世纪60年代的早期工业风格“机器美学”的惯用手法，当时设计师们用袒露并突出管道的方式彰显自己的“反传统”的姿态。但那时候的袒露，为的是强调工业技术和时代感。经过了半个多世纪的发展，现代的人们对各种管道和技术都以及非常熟悉。现在还在使用这样的设计，究其原因，就是对此类风格的偏爱，对意趣的偏爱，还有对内装饰成本的节约。现在多样的设计手法，让这种袒露有了更为丰富的呈现，比如可以营造出或惊艳，或摇滚，或软萌的空间效果（如图 1-9,1-10）。

当然，管道并不局限在金属管道，只是金属的占相当大的比重。其他材质的管道我们不再赘述。

3）金属与其他材质强对比

金属本来就是最好的反光材料，抛光的金属面与镜面类似，流光溢彩，金碧辉煌。在古旧的空间中，用金属作为一种对比材质，可以营造一种精致感和现代感（如图 1-11,1-12）。

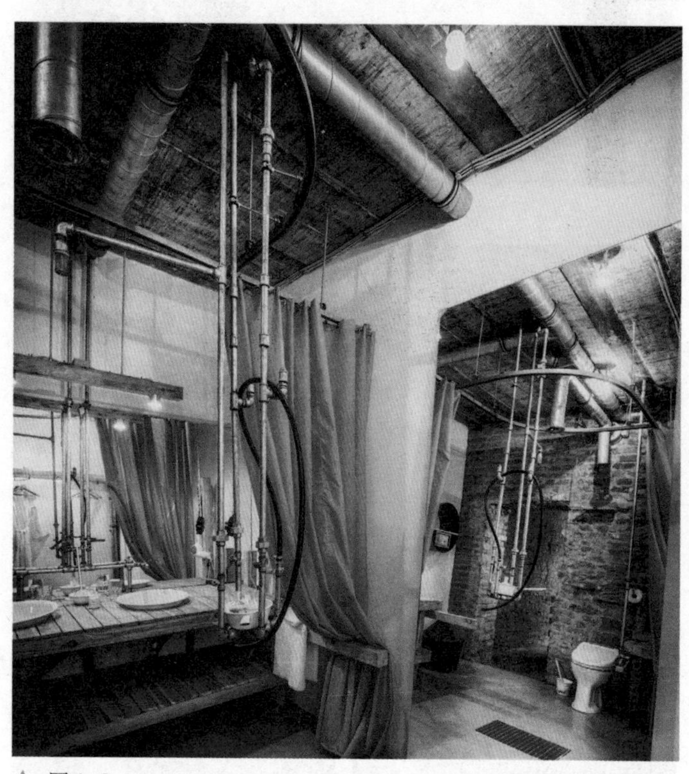

▲ 图 1-9

▲ 图 1-10

▲ 图 1-11

▲ 图 1-12

3 金属 + 炫色喷涂 + 光

把金属网或者构建喷涂上红、黄、蓝、绿等鲜艳的颜色，在相同的 20 世纪六七十年代的早期工业革命时期，就已经很盛行，比如法国蓬皮杜国家艺术文化中心和法国加里艺术中心。此类手法沿用到现在，其实在色彩上已经很难再有质的飞跃。而现在设计在材料、构成肌理和光的使用上，不断突破。大有无限的施展空间。尤其是光的运用面，现代科技和照明技术条件下，设计师的选择非常丰富，金属与色和光的配合，也将会涌现更多有趣而精彩的原创金属灯饰作品。这里所说的灯饰，不是指简单的灯饰或者金属灯罩，而是金属占很大体量创意装置，一般顶饰会与照明设计在一起，若运用得当，呈现出一种高级感和未来感。也丰富了我们之前的灯饰的定义：灯饰是指能透光、分配和改变光源分布的器具，包括吊灯、立灯、台灯、壁灯、射灯等。灯饰不仅仅起着照明的作用，同时还兼顾着渲染环境气氛和提升室内情调（如图 1-13,1-14）。

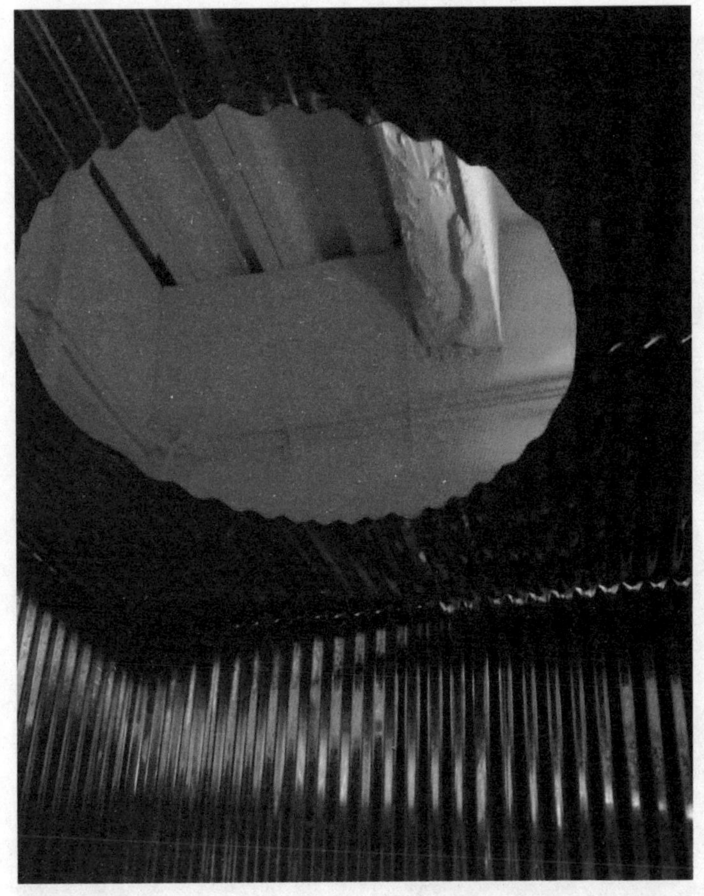

▲ 图 1-13

▲ 图 1-14

02 裸砖（石）

自然、粗野的裸砖常用于室外，但在“裸装”中，常把这一元素运用到室内，老旧却摩登感十足。

1）裸砖具有随性不羁的特性。

2）裸砖的运用，可以与室内其他墙面形成视觉反差，更出彩。

3）成本低。

4）与墙绘或喷涂结合，营造不同的色彩氛围。

用裸露的砖墙和金属营造出一种独特的装饰风格（如图 1-15）。窗户旁的墙体选用了不加修饰的红砖墙，尤其是在窗所对的墙体上将红砖墙与金属管道相结合的手法，更凸显了设计的一种不羁感。整体的视觉冲击力强烈，这正是“裸露”的魅力。从砖墙的角度来说，金属带来阳刚，红砖给予温暖。

如果整个房屋的设计都围绕着砖石，应该是怎样一番景象？想必很多人都曾在脑海中构思过一个充满复古味的、经历过时光洗礼的空间模样（如图 1-16）。一直以来，砖石建筑都隶属于传统建筑风格一派的。立式石屋在外部样式上保留了原汁原味的萨法德的建筑风格，与周围的老建筑融为一体。而内在却别有洞天，豪华的现代室内风格与古风的石材外观，碰撞出令人叹为观止的火花。设计师在保持传统风格的同时将设计风格与时俱进。这种传统与未来的交融碰撞是保存与更新之间，传统与新潮之间的完美对话（如图 1-17、1-18）。

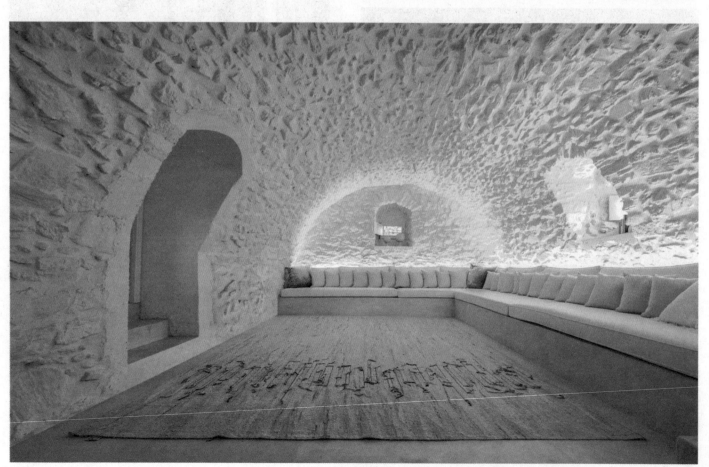

图 1-15

图 1-16

图 1-17

很多餐厅和服装店都常常希望营造出温暖、亲切的感觉，这时候设计师常常都会选用“砖”元素。Le Voisin 餐厅，是餐厅运用“裸露的砖”的经典案例（如图 1-19）。为了配合餐厅当地时蔬和红酒的特点和营造温馨就餐氛围需求，以及打造邻家时光的初衷，设计特意保留了原始地板质地和不加修饰的红砖墙。正是这裸露的砖墙搭配上绿植，创造出说不出的温柔与宁静。

砖应用于卧室设计时，风格可以多变，既可以与木材搭配出浓厚年代感的复古风格，又可与金属搭配出工业与摩登结合的现代设计（如图 1-20）。就是砖与木材的巧妙配搭。在背景墙的装饰上，采用黑白色调装饰画与裸露的砖石墙面结合，让简单的空间弥漫着时尚的氛围。砖石与木材的配搭本应会营造出浓厚的复古感和历史感。但卧室的床铺、窗帘以及床头柜座椅等等都选用纯净的白色，完美中和，令空间极具现代性。两种风格相互贯通，使整个卧室空间变得创意十足。

裸露风格运用到公司设计时，整个空间又是一番风味，不再压抑单一（如图 1-21）。会议室空间，整体的色调简单明亮，素雅大方。乳白色的桌椅搭配着纯白的天花和墙面以及地砖，现代风十足。可真正瞩目的却是那面斑驳的砖墙，裸露的红砖和修补痕迹明显的水泥砂浆抹面，年代感、历史感马上溢出墙体，进入人的心灵。在历史感与现代感的冲击下，激活了整个会议室空间。

▲ 图 1-18

▲ 图 1-19

▲ 图 1-20

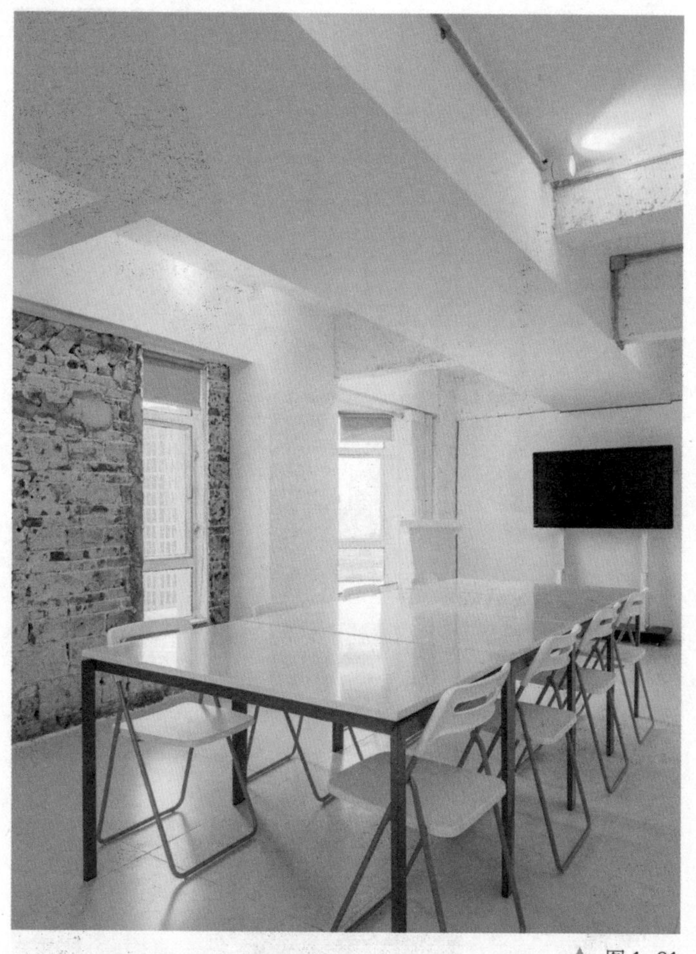

图 1-21

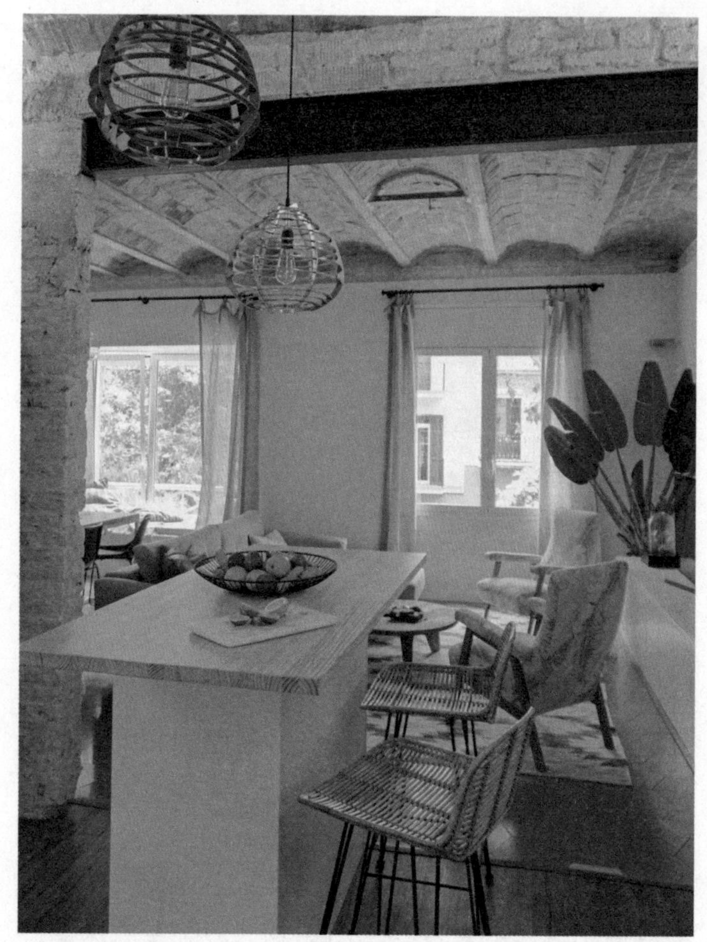

图 1-22

03 裸顶与吊灯

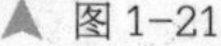

在“裸露”的室内设计中，最常用的就是无吊顶，让天花的材质完完全全暴露在视线所中（如图 1-22），裸顶具有粗狂不羁的特性。裸顶若运用得当，可以用于营造浪漫的乡村田园风格，古堡山洞的年代感或工业风等等。不吊顶，看见裸露的管线，视觉上拉升了层高，亦节约成本。袒露混凝土顶、石（洞穴）、砖、木质均有惊喜（如图 1-23）。一般而言，裸顶搭配的吊灯都是十分简洁，出于整体设计风格的考虑，很少搭配华丽的灯饰。裸露的吊顶搭配上简简单单的灯，或简单地罩个灯罩或直接使用灯泡，流露出的是极简且复古的韵味。

“无吊顶”设计在一些工业风、复古风的餐厅

图 1-23

中应用更加广泛。首先无吊顶的设计可以节约成本，其次可以通过裸露的材质和设计感十足的灯饰营造出复古感。用砖和木梁制作成的加泰罗尼亚天花板吊顶（如图 1-24），四周以白色的墙体为主，而吊顶的形状像一个个拱顶拼接而成，虽然造型简单，但却起到了非常好的装饰作用，既是工业风格中原始的代表，又是吊顶与四周墙壁很好的连接物。在吊顶上这些造型简洁的灯饰也是不得不提的，这些灯饰以玻璃为灯罩材料，中间是裸露的白炽灯，复古意味十足。

简单的灯饰设计就能体现整体设计的风格（如图 1-25）。床头灯设计，简简单单的一盏白炽灯，

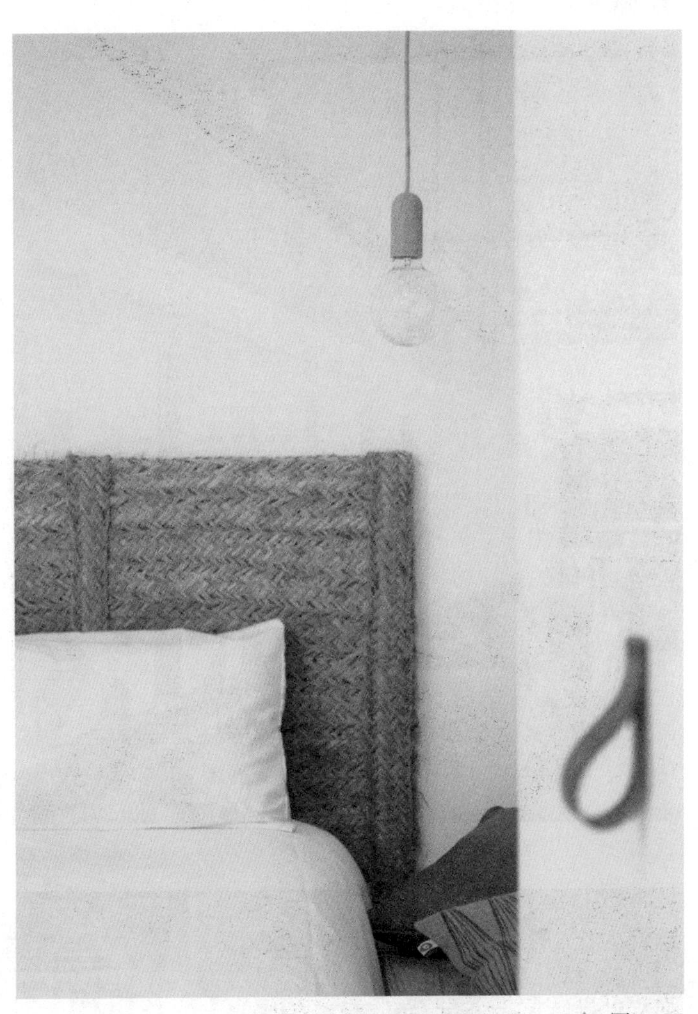

▲ 图 1-25

配合一根灯绳，既可以成为卧室床头灯照明设计，又可以成为白色墙壁上的简约装饰，展示出床头边的设计氛围。如果是选择吊灯搭配床头，则要求吊灯具有设计感，整体造型简约且尺寸适宜，这样才能营造良好的睡眠体验。

酒吧和餐厅的灯饰则是以夸张和创意为主题（如图 1-27、1-29），不规则的灯具造型和特殊光线，营造出酒吧和餐厅的自由而放松的味道。

年轻群体对室内设计的需求往往是多元素、少装修。香港 Campus 学生公寓致力于给年轻人一个共同的乐园（如图 1-26），在公共客厅空间中一眼望去便可直观地看到裸露的吊顶，管线裸露在外，没有多么华丽的灯饰只是简简单单的普通灯泡。这

▲ 图 1-24

▲ 图 1-26

▲ 图 1-27

▲ 图 1-28

▲ 图 1-29

一切搭配上涂鸦的墙和干净大气的家具，年轻的朝气扑面而来。Campion Platt 设计的纽约高层公寓对灯饰的选择十分用心（如图 1-28）。沙发旁的灯饰设计感十足，垂直而下的吊灯好像一团锦簇的花。白色的花朵让整个空间变得温馨可爱起来。

04 水泥

水泥又称混凝土，简称为“砼（tóng）”，是指由胶凝材料将集料胶结成整体的工程复合材料的统称。通常讲的混凝土一词是指用水泥作胶凝材料，砂、石作集料，与水（可含外加剂和掺和料）按一定比例配合，经搅拌而得的水泥混凝土，也称普通混凝土，被广泛应用于土木工程。它是后现代建筑师最爱的材料之一，不论家具还是灯具，只要一点点这样的元素，就可以酷感十足。现代主义建筑的盛行让混凝土成为最主要的建筑材料，混凝土特殊的材质天生带有一种凝重感，线条感的加入让这种凝重感更多了一些现代主义固有的冷静和理性。如果你想要打造一个极具现代感的空间，那么不妨考虑混凝土这样的材质。装饰中需注意：

1）一定要结合硬装环境，不可使用过度。

2）注意灯光、布艺、色彩的搭配。

而今裸露的混凝土在室内设计中越来越受宠。很多人在打造自己的居室时开始倾向于更加简洁和自然的风格，不需过多装饰。而混凝土最本真的模样俨然就是这一愿景的最佳回答。当然，极具创意的设计师还可以在材质上大做文章，利用材质的特征做出纹理和装饰感，使空间更具雕塑感和现代感。

混凝土是“裸露”设计理念运用最多的元素和经典设计手法（如图 1-30），即将裸露的混凝土作为唯一元素，其他元素只是对空间稍作修饰。简单干净的白墙和裸露的水泥楼梯，在玻璃的分割下，变得十分简约大气。整个房间散发着难以言说的感觉，复古与现代对撞，十分巧妙。

将裸露的水泥作为墙面地面可以应用于室内设计的各个角落，而一旦将其定位成设计的主基调，工业风便扑面而来（如图 1-31）。在大户型居室的客厅中，极简风格与裸露的水泥墙让整个空间更为敞亮与舒适。吊顶也是不经任何修饰的水泥面，简单随意的吊灯给整个空间增添一份简约。在灰色调的背景墙上，设计大面积的窗户，让阳光洒进客厅，为灰色调的客厅带来一抹温暖的韵味。咖啡色沙发与绿色地毯和谐搭配，在精致中散发出柔软与活力。

▲ 图 1-30

▲ 图 1-31

简单而斑驳的灰色背景墙，搭配简约黑白的装饰画，在无声中诠释出工业风的纯粹与复古感。

住宅则是将混凝土和木材的本质气息完全释放，打破常规。该项目的空间设计十分经典（如图 1-33、1-34）。墙面由灰色的混凝土砌起来，使得室内空间显得冷淡、稳定。

▲ 图 1-33

整个起居室的地面都是简单的水泥地面，一改大理石材料和木制桌子的习惯性搭配，都是用的纯粹的水泥。混凝土底座一起给予了建筑质量感和持久感，像是一块被雕刻过的岩石。整体效果升华，没有了单纯的工业粗糙的感觉，给人十分现代高端的气质。

▲ 图 1-34

在混凝土为主色调的室内设计中，很多办公室书房的设计变得十分有趣（如图 1-32）。裸露的水泥横梁是一个重要的标志，利用自然斑驳的混凝土打造出一个极为冷淡的气质，让整个办公室的格调上升不少。工业风格一向是粗犷且另类的，在整体装修上要越简单越好，并通过各种复古的管件与金属制品，让这种风格表露无遗。在这个简单的办公室工业风格装修效果图中，整体布局较为宽敞大气，

▲ 图 1-32

吊顶设计简单，裸露的管件以及电线将工业风表现得淋漓尽致。在办公室天花和横梁的设计上，毫不修饰地水泥面似毛坯房般纯粹，简单又具有复古韵味，以自然的姿态诠释工业风的陈旧与朴实。

05 原木

“裸装”常有原木的踪迹。许多铁制的桌椅会用木板来作为桌面或椅面，如此一来就能够完整的展现木纹的深浅与纹路变化。尤其是那些老旧的、有年纪的木头，让家具更富有质感。除此之外，木制灯具也是室内吸睛的特色之一。

木质元素应用于卧室是十分常见的，比如大衣柜、床、地板等等。让整个空间温暖中又有几分年代感。但卧室中不经修饰的木材应用并不是件易事，heri&salli 工作室所设计的维也纳客房（如图 1-35、1-36）算是“裸露”的经典作品之一。裸露的元素较为多元化，各元素之间相互装饰，浑然天成。房间内的床作为维也纳客房中的唯一家具，是由许多木条通过不同的拼接方式搭建而成，置于客房正中央，同时给其附加了其他功能，用极低预算和最简化的家具实现了最美的空间。设计师巧妙地采用解构主义去将简单的木材重组。在室内设计中，木材本来就起到复古和典雅的效用，但此处木材的运用却给了住户不一样的现代感。

餐厅中应用木材的设计案例也是数不胜数的。精致的打磨抛光雕刻实木桌椅，华丽典雅的餐厅一下子就能从我们脑海中浮现。而如何能运用“裸露”的木材打造一个令人赞叹的餐厅呢？普伦茨劳贝格住宅的餐厅设计（如图 1-37）就是一个很好的例证。餐厅内桌椅的设计，看似是未经任何人工修饰粉刷涂料的，好像是切割打磨完成之后直接使用木材最原始的样子。天花板也保留着抹完水泥之后的裸露表面，上面甚至还留有钢筋穿过的孔洞。楼梯扶手直接用一大面透明玻璃代替，简洁到毫无任何多余

▲ 图 1-35

▲ 图 1-36

的装饰。这也是最简单的、最纯粹材质间的互相装饰。裸露的天花和不经加工的长桌组合，没有给人复古的气息，却带来了一种极简的现代感。这两个案例都是十分经典的，完美展示了设计的光辉，让木材脱离大家原本的认知，获得了新的运用方式。

休闲客厅要将美观与舒适感表现出来，那么在体现舒适感的设计上，我们可以采用实木材质作为地面的装饰材料（如图 1-38），用实木铺贴，可以看到实木材质上本身的自然纹理与疤痕，通过这样的简单木质设计，让空间能瞬间拥有自然古朴的韵味。棕色调的色彩在柔和的灯光下更是温馨，营造出一份安全感。客厅内摆放的一张简约沙发，搭配时尚又有趣的布艺茶几，凸显出居室主人的独特品位。

露天的室外阳台也是一种室内设计的延伸，往往与整个室内空间的风格是一脉相承的（如图 1-39）。建筑的外表皮是深色高级灰，阳台上摆放着灰色和白色的沙发，选用做旧的灰色木材铺满阳台。整个阳台空间色调与建筑的外表皮高度和谐，而仅仅几盆的简单绿植就完全温暖了空间的清冷感。灰色的木地板充满年代感，且极具味道，与室内的暖色调相衬，视觉体验十分舒适。

木材是家居装修设计中最常见的材料之一，也是最能彰显一种自然古朴韵味的设计元素。用天然堆砌起的居室，让人仿佛置身森林间，轻松与舒适。

▲ 图 1-37

▲ 图 1-38

▲ 图 1-39

3

裸露的软装空间提升设计

■自然素材的运用是“裸装”的灵魂所在，原始的粗犷是让人回归最自然本我的境界，搭配选材需要在细节上精雕细琢，才能让真正的“裸装”野性而不粗糙、自然而不原始，真正在裸露的空间里体会到软装细节带来的意想不到的效果。

空间提升是个大难题。
如何让空间“野性而不粗糙”，
“自然而不原始”，
“裸露而不冰冷”？

01 让“裸露”空间变精致的办法

在很多人的印象中，“裸露”的手法出来的空间，多是斑驳的、老旧粗犷的，跟“精致”就是一对“反义词”，让裸露的空间变精致，不是矛盾么？在现代工业风的室内设计中，细节和自然元素更是整个设计中的重中之重。那些工业风或冷淡风的设计中有很多把空间变得“简”和“净”的手法。

让我们把典型的“裸露”空间拿出来，逐一击破。

裸露的砖墙不仅给人以复古之感（如图 1-40），也给人以年代的沧桑感。墙可以粗糙，但是金属窗

▲ 图 1-40

一定要精工制作，没有窗帘的设计可以让这种窗的张力最大程度的展现。窗横窗棱上加入了一块精致的乳白色隔板，上面摆放一些软装和绿植，是这个区域设计的点睛之处。

Studio Loft Kolasiński 团队设计的波格诺 3 号房屋（如图 1-41），在这个整体空间都是黑白灰主导的设计中，餐厅风格与主题承接，保留纯白的墙面，木制地板和极其简约现代的桌椅。整个空间略显简单，仿佛在公寓中随处可见。因此设计者将每一处立面和设施都选用简单精致的处理手法。家具的选用也选着了圆角的作品。

卧室设计是一个极讲究细节和注重个人感官体

▲ 图 1-41

验的环节。浓厚的现代风设计，往往会选用大量的黑白灰，以这三种颜色和简单的装饰进行整体配搭。当以“裸露”元素为主题时，不免会出现过于单调的尴尬局面。而卧室无论什么风格，都需要提供温馨感，以便营造舒适的睡眠环境。整体空间的元素十分纯净（如图 1-42），视觉效果强烈。白色的长毛地毯通过自身特性“软化”了空间，金属的桌子“精致”了空间。白色纱幔的窗纱，也是让这个空间变精致的利器，因为窗外的风景较为嘈杂，这是都市公寓较为常见的问题之一。

客厅中的细节体现是必不可少的，尤其是在简约风的引领下，十分需要精妙的细节对空间进行“点亮”“升华”。Yuriy Zimenko 设计工作室在基辅的一个作品（如图 1-43）比较出色，视觉冲击力十足。在这个简约风为基调的客厅中，镜面沙发真是

图 1-42

图 1-43

图 1-44

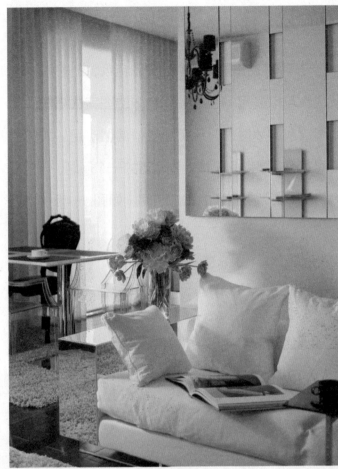

点睛之作，提升了此空间的高贵和精致。

店铺的“裸露”个性则是十分明显（如图 1-44），将黑色元素进行到底，水泥墙配上金属质感的展示架，再加上整体喷成灰黑色的软装，这种简单高效的“化零为整”手法，目前在门店和橱窗的设计中非常实用和流行。

02 让“裸露”空间变暖的办法

“裸装”的主要元素都是无彩色系，略显冰冷的。所以你可以多用彩色软装、夸张的图案去搭配，中和黑白灰的冰冷感，让空间变得温馨十足。如何让空间变暖，是空间设计者要面对的一个问题。

在黑白为主色调的室内空间（如图 1-45），巧妙地选用了鲜艳配色的小装饰架，让本来冷淡的空间顿时鲜活起来。

▲ 图 1-45

Studio Loft Kolasiński 团队设计的“普伦茨劳贝格住宅和波格诺 3 号房屋”正是大胆用色的标志性设计（如图 1-46）。普伦茨劳贝格住宅整体的风格偏“性冷淡”风格，灰色在室内装饰中占据主导地位，墙壁四周皆为白色或者裸露的墙体。地板、天花板和楼梯由抛光混凝土构成，较轻的墙壁和橱柜增加了整体的亮度。同时轻木家具也增添了一份自然的触感，未染色的木材随意而优雅。在这样一个如此清冷的环境中，软装的选择尤为重要。草绿、中黄和翠绿拼接的毛毯，由尼泊尔的工作室手工定制而成。毛毯的颜色是整个空间的亮点，打破了较为冷清的室内色调，让整个空间变得生机勃勃。

▲ 图 1-46

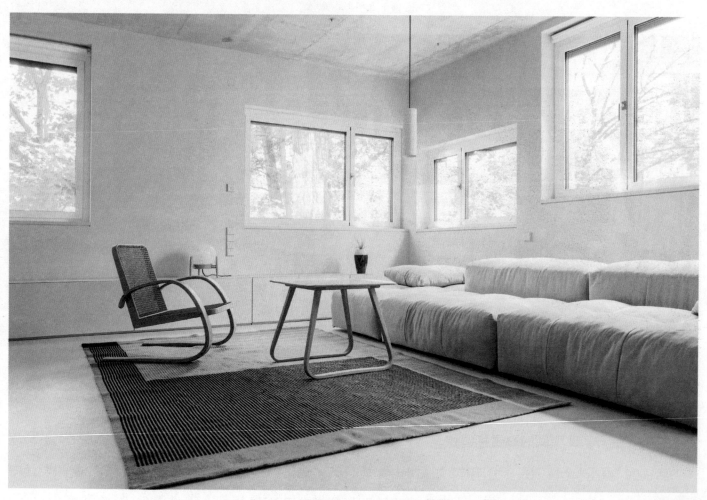

在极简的空间里，大胆地选用蓝色的沙发和色彩绚丽的 Ewa Bajek 的两张电影海报（Kieslowski 的电影《十戒》）。独具匠心的地毯也是在尼泊尔手工制作而成的（如图 1-47）。温暖的色调搭配冷色的沙发，独特的灯饰和柜子，多种元素的冲击，让空间充满了趣味。

由 Yuriy Zimenko 设计工作室的赫雷夏蒂克街公寓，也是大胆用色的代表设计之一（如图 1-48）。房间的颜色丰富，视觉冲击感十足。设计师将不同的功能分区的色调独立起来，彼此不相联系。客厅的主色调是一种复合的铅灰色，当然同样的颜色也被选在窗户的天鹅绒窗帘上，而本身天鹅绒的材质便给人以雍容大气的感觉。厨房餐厅与客厅用颜色分隔开，将厨房和餐厅的主色调设计成棕色、赭色，还有大面积的木质纹的柜门，连厨房旁边墙壁上的画作也是与餐厅厨房同类色系的，对比如此明显的撞色行为，可以看出设计师对色彩的大胆运用。此外拉鲁派艺术家谢尔盖·格里尼维奇和亚历山大·内克拉舍维奇的作品则赋予了空间一种个性和完整性。开放的厨房和客厅空间颜色纷杂却有序，颜色上的冷暖对比，材质上的不同质感对比，让整个本过于绚丽

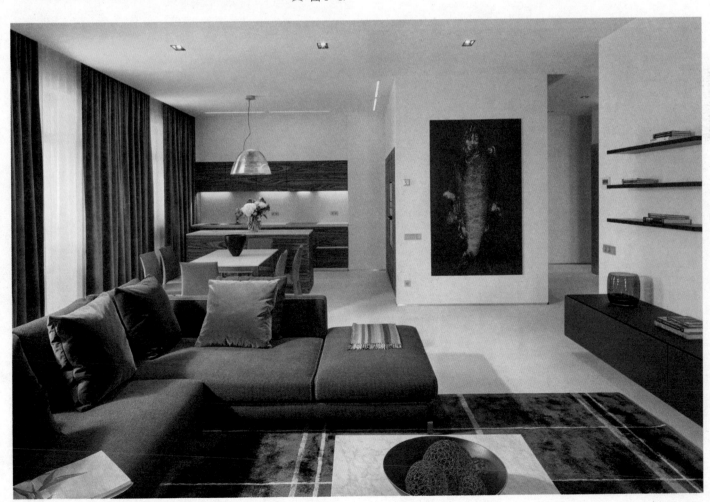

▲ 图 1-47

▲ 图 1-48

的空间意外协调，大胆的用色也让空间十分有高级感。

这是一个较为“冰冷”的空间（如图 1-49），大面积的黑色，灰色重机理纹路的裸墙，加上黑色的裸顶，浅灰色的清水混凝土的地面，还有一个体量很大的裸露材质的架子……此空间可谓“一裸”到底，一冷到底。大面积在黑色和硬立面让整个空间神秘又有些压抑。但两个鲜艳大红色单人沙发的置入便将空间提亮不少，整个空间在一种反差中鲜活起来。

值得一提的是，红色沙发是较为冷的一种大红色，真皮的质感，让空间依然保存酷而大气的气场。每一个空间的设计，应该根据空间功能的需求，适度的“温暖化”才是最好的设计。

03 让“裸露”空间舒适的办法

裸装的空间，舒适度是人们最关心的内容之一，如何让那些外露的梁、柱子、墙壁和金属空间，同时满足舒适的使用要求？我们以复古和极简，两种空间为例，拆解这个问题。因为“裸装”居住空间的最终效果，“极简”与“复古”是比较常见的。

“裸装”其实对软装的风格非常有包容力。复古的装饰风格中（如图 1-50），厨房灶台的整体设计由干净的木质纹理材料和白色柜组合，厨具餐具也选取同样的色调风格。中间的墙壁贴着手工制作的绿色瓷砖，增添了一份清新感。室内放置着一个特色的铁锅炉。它表面锈迹斑斑，给人年代久远的沧桑感，而形体却比较小，与壁橱柜的大小相仿。

▲ 图 1-49

▲ 图 1-50

设计师将其置于整个灶台空挡作为装饰与整个设计主题呼应。而这里铁锅炉放在柜子旁将整体的复古感推向高潮。原木和手绘质感的绿色墙砖，加上生活用品，是此角落的舒适的源动力，因为每一个拥有温度的物品都在叙述着这个空间主人的生活，而幸福生活本身，即是舒适本身。

在别致的极简的空间内（如图 1-51），让建筑本身错落的结构展示出来，便是最好的“软装”。这种空间的特点在于色彩的整齐划一和光线的布置，计白当黑，化繁为简单，属于较高明的一种设计手法。若想让空间变得舒适，要注意空间的整洁程度和各面的精致程度，加上考究的光线，会给人一种舒适，柔和，赏心悦目的空间感受，并且非常地包容。

▲ 图 1-51

当复古与简约在同一空间相遇时，奇妙的设计火花让人大开眼界（如图 1-52）。房屋是一栋老房改建项目，自然保留了很多原汁原味的东西，以便时间的印记能得以留存。原木材质的地板、茶几、柜子以及手工制作的尼泊尔毛毯都自带一份复古感。而纯白的墙壁、充满后现代艺术气息的海报、蓝色的沙发以及简洁的花瓶又彰显着一种现代简约风。两者相互衬托、互相补充，整个空间在复古与简约的碰撞融合中变得耐人寻味。

这种空间的舒适化，在大面积布艺沙发的运用，巨大体量的如云彩般的褶皱沙发，给人带来舒适的心理感受，褶皱如流苏一般，轻松巧妙地柔化了空间。

▲ 图 1-52

——《室内设计奥斯卡奖：第19、20、21届安德鲁·马丁国际室内设计大奖获奖作品》解读

4

大师教你“裸露”的装饰技巧

■ 本章解读第19、20、21届获奖作品中室内的运用。通过这些作品，了解国际大奖获得者们如何将“裸露素材”变成软装元素，做软装。

■ 安德鲁·马丁奖是室内设计界的风向标。这个国际奖项收录了国际上众多名家的设计案例，在艺术性、生活性上都具有很高的水平，当然也极具权威性。

■ 安德鲁·马丁奖被美国《时代周刊》《星期日泰晤士报》等主流媒体推举为室内设计行业的“奥斯卡”。安德鲁·马丁国际室内设计大奖由英国著名家居品牌安德鲁·马丁设立，迄今已成功举办22届。

■ 作为国际上专门针对室内设计和陈设艺术最具水平的奖项，每届都会邀请室内设计大师以及欧美社会精英人士担任大赛评委。

■ 评委中有建筑师、服装设计师、艺术家和时尚媒体主编，也有商业巨子、银行家、皇室成员、好莱坞明星等。因此，每一个获奖作品都经得起来自各界挑剔甄选的眼光。

01 妙用立面机理

将斑驳的立面，转换成独一无二的艺术装饰墙

斑驳的墙面搭配裸砖，简洁，大气的家具与之相呼应，“裸”字利用得淋漓尽致。

▲ 第 20 届 – 第 63 页

▲ 第 20 届 – 第 179 页

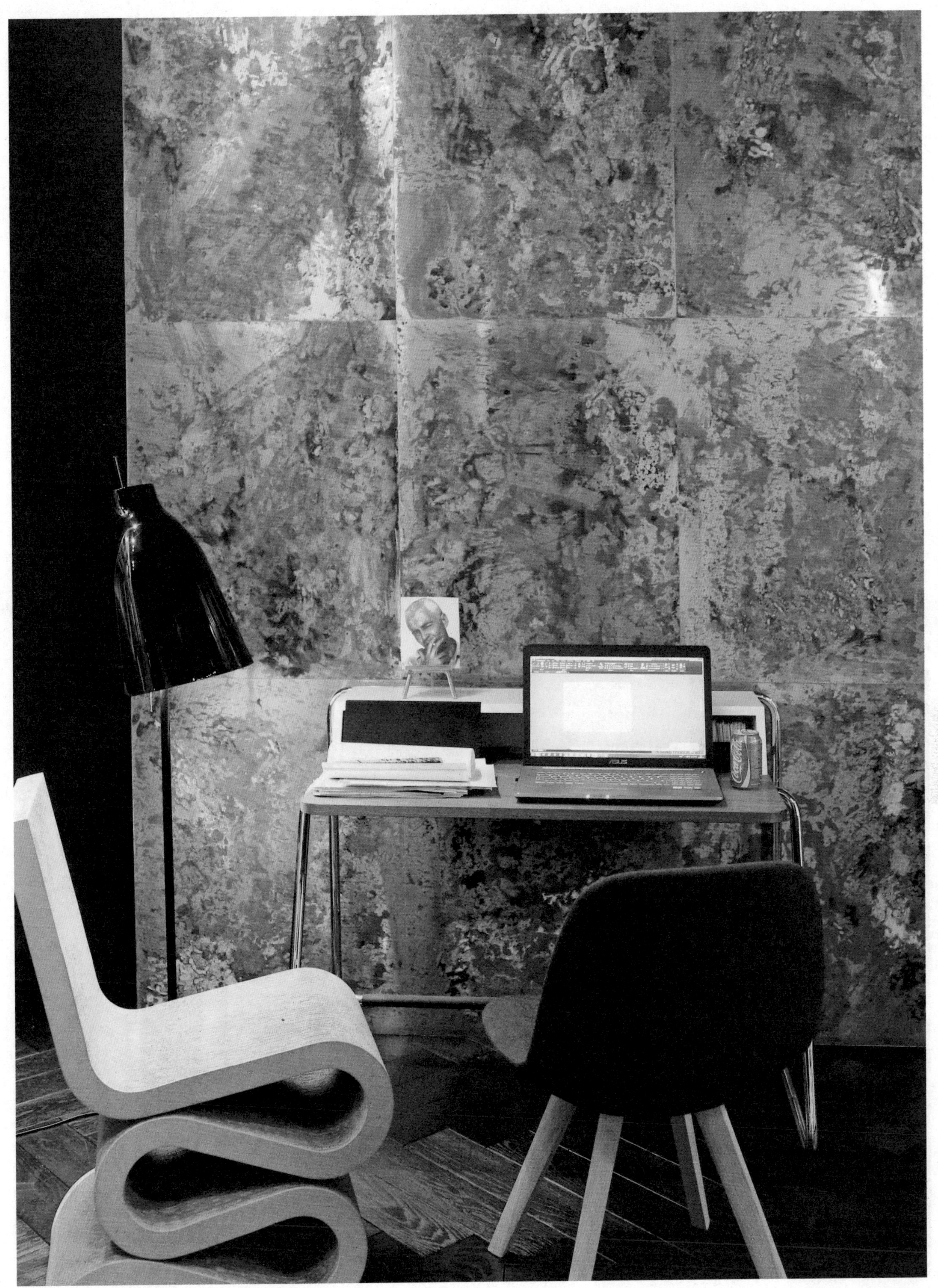

▲ 第 20 届－第 62 页

02 袒露管道

试着把有年代感的金属管道露出来，收获的却不止年代感

管道向来会给人一种复古和工业风的感觉，而斑驳的水管道更会将“裸露”风展现得更为全面。

▲ 第 20 届 – 第 140 页

▲ 第 20 届 – 第 141 页

▲ 第20届－第142页

▲ 第 20 届－第 171 页

03 袒露机器机芯

将工业机器的结构袒露出来，
营造时空感

裸露的砖墙、废弃的金属器具，这些看似无用的“老件”现在却是时尚的宠儿，是设计师的最爱。将“老件”利用起来，打造一处独有的复古怀旧的空间氛围，岂不美哉。

◀ 第 20 届－第 124 页

▲ 第20届－第211页

▲ 第 20 届 – 第 121 页

04 清水凝土

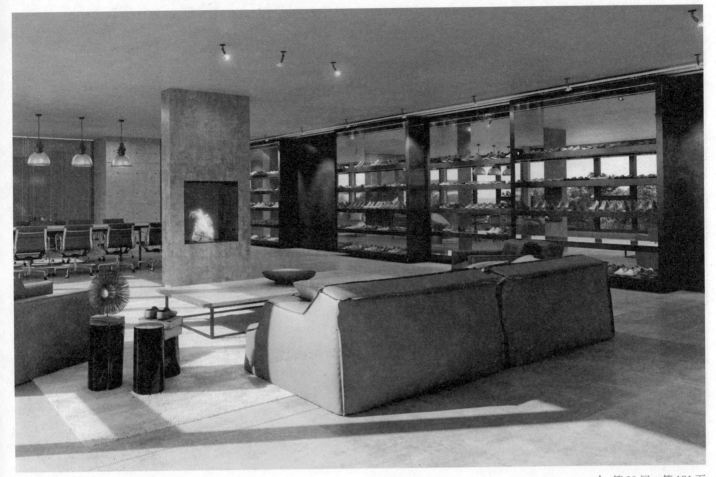

大面积的清水混凝土，
最爱那份寂寥和朴素

“冷淡风”，极简主义的另一种说法，代表着极简与克制，是去繁求简的高级智慧。极简与克制，也是“裸露”的最终精髓。

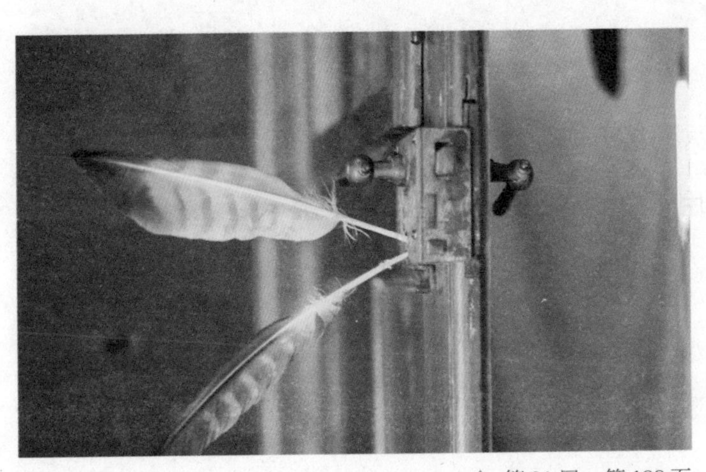

▲ 第 21 届 – 第 198 页

▲ 第 20 届 – 第 343 页

05 大胆用色

大胆用色，营造不羁和奇幻的风格

“裸装”的主要元素大都是无彩色系的，略显冰冷。但它对色彩的包容性又是极高的，所以你可以用彩色软装、夸张的图案去搭配，中和黑白灰的冰冷感，让空间变得满满温馨。

第 21 届 – 第 407 页 ➤

ANTICA PASTA DI GRAGNANO
GRAGNANO CITTÀ della PASTA
Di Martino
PASTA DI GRAGNANO IGP

▲ 第 21 届 – 第 242 页

▲ 第 21 届 – 第 224 页

06 反光材料的运用

光、镜面、反光金属，
是点亮空间的“眼睛”

“裸装”中，极简与复古的元素运用极其重要。极简造型或复古造型家具、灯具的交错与反差，都是空间搭配的最佳选择。当然，如果空间风格能够驾驭，水晶、镜面等高光元素也是一种惊喜，自带亮点。

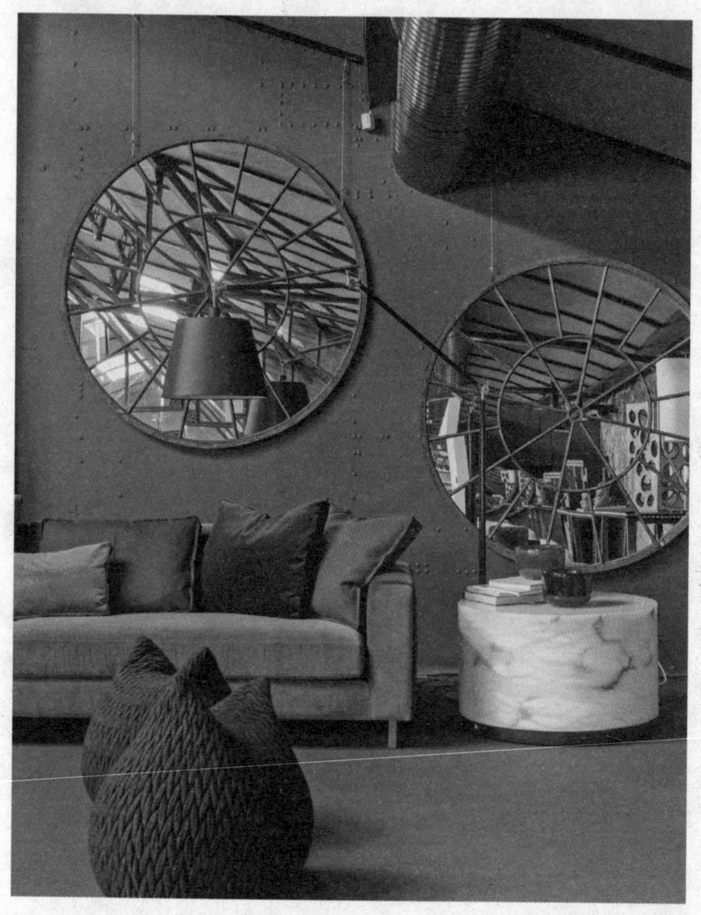

▲ 第 21 届 – 第 185 页

➤ 第 20 届 – 第 444 页

FERRARI

FASHION PARTY
CLUB
HOUSE CLUB
FASHION PARTY
HOUSE CLUB
MUSIC
LIVEBAND
POPO
CLUB
CLUB
COLOR
Muisc
STATION

▲ 第 19 届 – 第 37 页

◀ 第 19 届 – 第 34 页

“裸露”的表现效果不容易，
因为“去冰冷”“去灰暗”是个大难题？
马上教你怎么布置“裸装”宜居空间

5

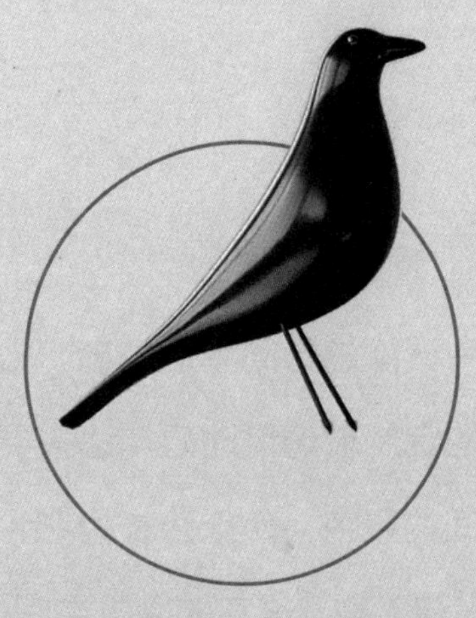

公寓住宅篇

——巧用“裸露”打造的公寓住宅范例

HOUSE

■本章节从世界各国中精选了7个来自不同国家的住宅，分别介绍了英国、澳大利亚、西班牙、中国等各个国家关于“裸露”元素运用的典型案例，案例中详细解读了“裸露”元素的利用方法和效果展示，每一种住宅中的设计手法都值得学习和参考。

01 教堂山谷仓

坐标：英国，萨福克郡

教堂山谷仓

—— Church Hill Barn

设计师：David Nossiter
设计公司：David Nossiter 建筑事务所
摄影师：Steve Lancefield
文 / 编辑：高红 林梓琪

这个由康斯坦茨设计的项目，位于 Essex / Suffolk 边界上。那里原是普通的庄园家庭农场，在 20 世纪 50 年代被一场大火摧毁，后来再由庭院式的农舍组成。这块坐拥独特乡村美景的场地中心则是一个大教堂般的谷仓。

十字形平面与周围较小空间的组合，给从事不同农业活动的人作为居所之用。客户收购了这些破旧的建筑物，在科尔切斯特卖掉自己的房产后。来到这里对谷仓的结构进行翻新，与当地进行规划的部门进行长期协议后，开始了改造计划。首先是屋顶的翻新：屋顶板岩和木材材料从现场调取而进行当地取材。另外拆除两个庭院的现有结构，这些材料被重新用于谷仓翻新，材料的再利用和保持空间的开放性更有助于维持合理预算。

为了能够在方便内部观察现有结构的同时仍然符合现代热性能标准，屋顶选择使用暖屋顶结构，这意味着所有的隔热材料都位于新木材甲板上方的屋顶外部。绝缘外墙覆盖着自然风化的落叶松木材。建筑师对曾经的原有框架进行简单地开窗，山墙的门廊使用的是超大的定制玻璃滑动门，让人更好的欣赏庭院到开放空间的景色。两个边长为 3m 的正方形屋顶灯能让日光深入到八米高的中央空间内部，方便提供更节能有效的采光。抛光混凝土围绕在 10mm 的地板连接处，与谷仓的空间网格对齐。主要空间的南端是一个宽广的厨房空间，在北端作为一个画廊空间和选择放置夹层的结构，其每一端都连接到舒适的休息区域。在开放式的主空间中，可以通过大玻璃屋顶去感受天光云影，看着日光在抛光的混凝土地板上投下横梁的阴影。谷仓的采光照明设计旨在提醒谷仓的农业历史意义，灯饰开关隐藏在繁复的金属格栅和细木工中，这些生动的细节设计给谷仓营造出一个更具生活气息的氛围。生物质锅炉由机械通风和热回收系统辅助，使空间中的暖空气实现再循环。

大的落地玻璃很好的引人光源，横梁上吊下的座椅为空间增添一份温暖 ▶

▲ 抛光混凝土地板，10mm 地板接缝与空间分界对齐。供热系统由机械通风和热回收系统辅助

▲ 厨房色调统一，颜色和材料是选自自然中的柔和色系

▲ 天花板的木材结构与墙面的红砖巧妙地结合在一起，自然和复古的情怀一览无余，地面桌面的抛光混凝土更显坚实，整个空间和谐平衡

树木和绿植点缀了简单的内部空间，现有谷仓的草坪和砖铺路也与谷仓相得益彰。完成的翻新工程为谷仓带来了一副深受当地民众的外观，让画廊空间经常被用于当地的社区活动。绿色映衬着砖堆的外墙，体现着该复合体谷仓独一无二的“裸露”美感。

▲ 餐桌正对着玻璃拉门，可以让屋主在休息或者用餐时有种置身户外的感觉

▲ 红砖墙上挂着画，画面有趣别致，增添艺术感

▲ 裸灯泡的简约吊灯，经典的设计，凸显个性，符合房间的整体基调

▲ 原木的桌面故意做出陈旧质感，自然清新。桌脚三角形的设计更具稳定性，符合人体工程学要求

▲ 北欧风的透明吊灯让光线透过玻璃更大程度地被利用。天花板的结构规整有序，裸露在外别有韵味

▲ 透明门的设计能在室内将自然光线最大化。大小高低不一的窗户与井然有序的天花板形成了一种趣味性反差的关系

▲ 框景的方式增加了墙体的层次感，空间性大大提升。框出室外的景色在抛光的混凝土墙上更显得醒目

▲ 北欧风格的布艺床，枕头的蓝色和整体空间的黄色更显温暖

▲ 建筑整体形式运用的对称和统一手法，“暖屋顶结构”使保温层位于新木材上，让整个建筑温暖节能。景观映衬着内部的多样空间，并保持与野生植物、砖以及现有的谷仓复合体的形式

▲ 现有的砖砌体用回收材料和石灰砂浆修补。木板制的门也带着时间的沧桑感。墙上的橙色壁灯控制光线，添加一份亲切和谐

▲ 半高的水泥墙将停车位有序隔开，粗糙的水泥呼应着砖红的墙体，带着复古做旧的元素。保证了材质在视觉与触觉上的丰富性

02 翠鸟居

坐标：澳大利亚，新南威尔士州

翠鸟居
—— kingfisher house

设计师：Josephine Hurley
设计公司：Josephine Hurley Architecture
摄影师：Tom Ferguson
文 / 编辑：高红 于萌萌 杨念齐

在自由奔放的澳大利亚，房屋与自然的相互融合是相辅相成的。位于骇客河东北角的翠鸟公寓就是这样一个自然与现代、复古与青春的统一体。

屋顶的平面设计是现场复杂环境与设计理念的产物。天然材料的纹理和触觉被有效开发，营造出一种温暖的氛围。不仅采用了具体的现场材料，而且考虑了场地的自然轮廓，裸露的砂岩和植被。空间被有利开发，开阔舒适，旨在为聚会创造条件。石材、砖块和木材作为自然的调色板，将居住者与现场环境关联一体，因此房子也蒙上了一层静谧且自然的面纱。内外部的空间边界与建筑材质的连续性是共生的，所以会有住在森林的体验。设计师在材料选择上下了功夫，不仅仅解决成本问题，包括后期的维护，也是用心的。正如别墅的名字一样“翠鸟公寓（Kingfisher house）”，迎面就是一只翠鸟的摆件，旁边点缀一盆绿植，清新自然的感觉扑面而出。木质的柜子边缘，搭配花朵图案的地毯，一种田园风格的静谧感油然而生。横向长条的大面积窗户，让外面青山绿水的美景尽入眼帘，趣味的座椅设计，地毯上的编织坐墩，配上花朵图案的地毯，又是一派生机勃勃而又悠闲自得的景象。从高处俯瞰大厅，有一种“面朝大海，春暖花开”的即视感。敞开的大面积阳台，迎面就是绿树和泳池，温暖的阳光照射进来，徐徐的微风吹过房间，翠鸟公寓就像人间的世外桃源，依山傍水，充满鸟语花香。在这里，远离了世间的喧嚣，而多了一份轻松和惬意。

在沙发后墙的长条形小高窗上摆放着下垂的绿植。而沙发侧面则放着垂直向上的绿植，与木材的棕色相映成趣，设计也简洁大方，展现出与大自然完美和谐的景象。

长方形的窗户对着楼梯，外景引入室内，即使是窗户也是一幅画 ▶

▲ 起居室中三种不同的座椅，将空间布置的极为温馨，花色地毯将“素净”的空间瞬间点亮

▲ 白的底色，红的太阳花图案，这样的地毯给人热情浪漫之感，地毯上的两个素色编织坐墩，具有中间色的调和作用

▲ 沙发包括座椅的设计都比较矮，更接地气也更舒适，棕色木材，更贴近大自然

▲ 绿植的摆放颇具艺术感

▲ 深棕色的真皮沙发让空间更显庄重大气之感

▲ 这个房间通透明亮且开阔，小清新风格的地毯上面放着圆形的低矮茶几。由于整个房间都是亮色系，因此设计师们用黑色的座椅来中和。依然是低矮的设计，很接地气。白色飞碟形吊灯增加了一抹趣味，奶白色的窗帘也很温馨和谐

▲ 客厅旁边是钢琴房，阳光于右侧倾洒进来，温暖、简约

▲ 客厅旁边是通向二楼的楼梯。欧式的壁炉旁堆满了木材。砖砌墙与白墙相拼而生，互为对比，体现出复古的田园风格。而楼梯另一面的墙，同为砖砌墙确是另一种风景

◀ 起居室的屋顶采用木材拼接而成，与墙壁的石材形成一种自然美，搭配巨大全景的推拉门，将室内外联系起来，视觉上增大了空间

▲ 楼梯尽头，一个白色的书架立在旁边，一物两用，既是摆放物品的架子，又能够起到阻挡的作用。架子上镂空出一块方形，就像小窗户一样，可以直接看到楼梯，再摆上绿植花瓶，清新而自然

▲ 台阶选用的是木制板材，但在立面上却是毫无修饰的水泥面，这样的搭配让空间复古气息更为浓郁

▲ 在两片白墙之间架起木质的楼梯，另一侧则为贴面砖墙。楼梯间虽狭小但设计师巧妙地把楼梯衔接平台用对角线分割为有高差的三角形梯面，缓冲了空间的局促

▲ 卧室的设计风格是纯净的、美好的、温馨的。一把天蓝色的休闲座椅，象征着窗外美好的蓝天与河流。清晨，拉开窗帘，迎面扑来的是清新空气，以及明媚灿烂的阳光

▲ 整个卧室都是如此的简单而美好。米色的地毯，呼应着白的墙、灰白的壁画，简约却不简单的设计理念。木质的床头与床头柜，都是直选自然界的天然材料，白色圆球吊灯，简洁又典雅大方，增添了卧室的温馨之感

▲ 浴室的地面与墙面所铺的砖和其他房间是一样的，带有泥土气息的大理石纹路，表达主人想要亲近大自然的愿景。台盆的设计也极其简约大气，除了纯白，再无其他

▲ 这是主人和家人们用餐的地方。大型的餐桌，设计巧妙的椅子，由白色椅背和木制支撑两部分组成，墙上的装饰是七彩马赛克，吊灯灯罩是深棕色，再加上绿植点缀，整个空间弥漫着一股清新的自然美。大面积的推拉门，完全敞开之后，与室外景色亲密接触

▲ 起居室的边上放置着一个小型餐桌。无论餐桌还是座椅，均是纯白色的椅背加木质的底座，给人一种纯净的感觉

▲ 楼上的起居室是供主人与家人们休闲娱乐用的。黑色的长沙发中和了房间的浅色调，有一种沉稳大气的感觉。对面的落地大玻璃窗，随时能照进温润的阳光

▲ 别墅的外形，更像是过去的石头屋。建筑表皮是石材与砖的混合体，配上自然环境，具有野性魅力

▲ 不远处，蓝天白云，绿树成荫。宽大的骇客河上小小的船只缓缓航行，而主人，则在泳池边晒日光浴，这是最好的享受

▲ 这是主人和家人们游泳之后临时冲澡的地方。墙面均是石砌墙，更衣室是纯木质，设计师运用了很多自然的材料，来打造田园风光的景象

03 萨里山公寓

坐标：澳大利亚，新南威尔士州

萨里山公寓

—— Surry Hills Apartment

设计师：Josephine Hurley
设计公司：Josephine Hurley architecture
摄影：Tom Ferguson
文 / 编辑：高红 于萌萌 杨念齐

在悉尼，爱德华兹公司大楼的这个公寓是最受人们认可的文物建筑之一。改建和重塑该建筑的项目旨在促进建筑的服务升级和设施现代化。由此，古老的建筑能够继续未完成的使命，为整个城市的建筑体系默默献力。这座建筑被楔入在一个狭窄的街道里，位于经济快速发展的内城郊区，在 20 世纪 20 年代是一家茶厂。

而现在，它作为一个跨越两层的私人住宅再次重生。虽然 6 层标志性的拱形窗户都被完全烧毁，前看守员的办公室也被拆除，更换为客人休息室。简单地说就是为 300m^2 的空间注入了新的活力。这栋房子的客户是一位才华横溢的音乐家，他希望建筑能够成为一个对日常生活起增色作用的场地，在追求舒适性、实用性的同时，更希望尊重建筑本身并达到一种和谐共生的境地。当然，这些理想构思在设计师的魔法下，通过一系列设计和低调的装置，得以实现、保存与发扬。

设计师的魔法在空间内持续发酵。整个空间的功能变得更多样化，如电梯井壁支撑自行车，吸震的亚麻地板环保又具有实用性，这也是一个属于艺术的领域。从浴室进入卧室，固有的功能界线被刻意模糊。由于没有过多的区域来大展拳脚，设计师谨慎地借助巧妙的设计来减少空间的繁琐。公寓中很多位置的装饰都选择了灰色。

深灰色的建筑外表皮呈现出简约的现代风格，大面积的推拉玻璃门增大了与实例的沟通，外面的木地板平台放着白灰色的休闲沙发，与建筑的外表皮设计相呼应 ▶

室内的会客厅以浅调为主，纯白的墙面，灰色的沙发，木质的地板。唯一的深色便是黑色的茶几，弥补了过多浅色的单调感，让空间通透中又有一份稳重

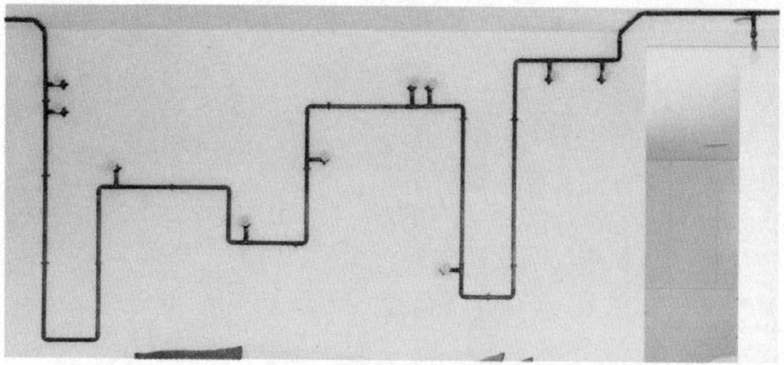

室内的一个极大特色便是这工业管道式的灯饰，像是工业厂房中裸露在外的粗糙管道，盘旋在墙壁上，90 度弯折着，毫无规律可言，却“生长”出不同朝向的灯泡，设计感十足

圆柱形的茶几，纯黑的表面弥补了空间的浅色调。当然这种深色设计增加了视觉上的稳重感

沙发的设计依然是简约大气的风格。浅灰的沙发套，典雅而不庸俗，不仅避免了灰尘侵入，也方便清洗

▲ 巨大的落地窗在分割空间的同时也扩展了空间的视觉效果，将室内与具大的阳台充分衔接起来，将软装沙发放置阳台，使之具有更高的使用价值

在材质的选择上，自然素材成本效益、耐用性、实用性和精致度都一一得到实现。这个地方的后巷非常狭窄，这就意味着在前方立面上施工是不可能的。建筑商设计了一个定制的滑轮系统，所有的建筑材料都被慢慢地拉至屋顶甲板。现有的立柱和横梁系统在规划上允许了一定程度的灵活性，但是仓库的立管很少。为了保留现有的混凝土板和横梁天花板系统，地面被打破重组，以便安装各种服务系统。在楼层设计中采用精细的声学系统，让客户可以自由畅游在音乐的国度中，而不打扰到他人。

▲ 卧室与整体设计风格色调统一，以白色为主。白色的窗帘、白色的床、白色的床头柜、白色的座椅等等。复古的砖墙让人感觉温馨典雅，搭配纯白色调让空间充满洁净感

◀ 设计师们在纯白的墙中设计出一面砖砌墙，增添了一丝复古意味。床头的柜子竖起一幅简洁的装饰画，再来一盆可爱的绿植，显得活泼又环保

▲ 上铺下床的设计打破了空间的界限，让用户体验更加自由。整体的设计色调仍是干净的白色，让人时刻保持着一分清醒。地板上的折纸拉花形凳子从形状和颜色上都对空间进行着补充点缀

▲ 纯白色拱形窗户嵌于砖墙中，二者的搭配，散发出城堡的味道

▲ 木纹墙面与木质地板相呼应，将自行车挂于墙上，打破了装饰过于单调的墙面，也是别有一番情趣的

▲ 白色门与木纹墙面的组合，是为了更好的区分定义，墙上的圆形小装饰，既表达出复古的小情趣，又具有实用意义，可以临时挂一些小物件

▲ 电视机放在书架中间镂空的地方，两扇灰色的拉门，可以随时将电视机隐藏起来

▲ 四个圆圈木环层层相套，置于角落，看似无心却是有意，复古气息扑面而来

▲ 两个像沙包似的茶几摆放台，一紫一灰，摆放着不同的绿植，为空间增添生机

▲ 裸露的砖墙沿用了传统的拱窗，白的窗框，五窗帘，让空间传统又不老套，别具新意。

▲ 沙发选用深灰色的布艺面料，与空间的白色系形成互补，让整个装修不因过白而过于清冷，给人舒适放松的感觉

裸露的砖墙沿用了传统的建筑风格。没有窗帘的设计让“裸露”更彻底。每个窗户就像桥拱一般，呈半圆状，让空间饱满又富有张力。绿植与墙面相互融合，勾勒出一幅和谐的景象，休闲雅致的情调令人放松。坐在沙发上享受午后的阳光，倾洒在身上，温暖温馨。

▲ 厨房的设计简洁大气，四周的墙壁天花没有多余的装饰。灶台与餐桌采用酒吧式设计。整个餐桌灶台和橱柜都采用灰色，对空间的色调产生互补，黑色的小椅也是一样。桌上的花儿怒放着，为空间带来了许多生气

▲ 壁柜关闭的状态

▲ 壁柜打开的状态

04 巴塞罗那 La Diana 公寓

坐标：西班牙，巴塞罗那

巴塞罗那 La Diana公寓

设计师：Clàudia Raurell Joan Astallé Marc Peiró
设计公司：RÄS
摄影师：Adrià Goula
文 / 编辑：高红 吴雪梦

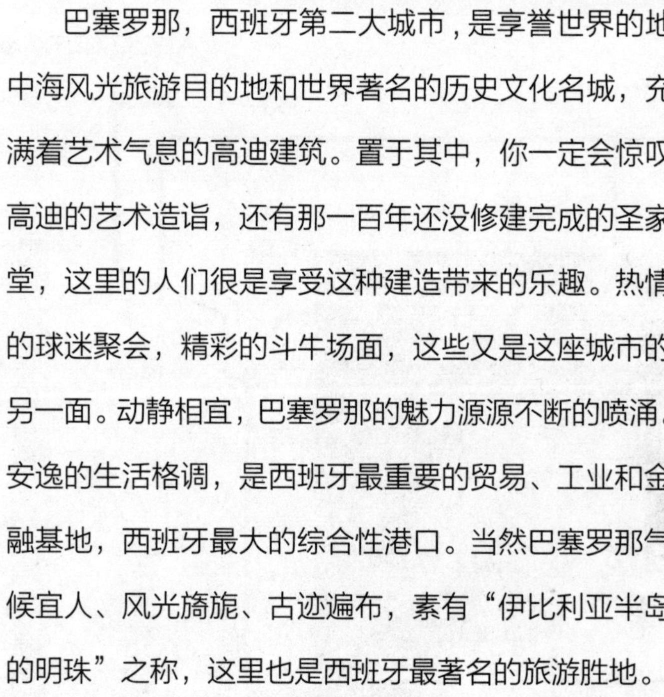

巴塞罗那，西班牙第二大城市，是享誉世界的地中海风光旅游目的地和世界著名的历史文化名城，充满着艺术气息的高迪建筑。置于其中，你一定会惊叹高迪的艺术造诣，还有那一百年还没修建完成的圣家堂，这里的人们很是享受这种建造带来的乐趣。热情的球迷聚会，精彩的斗牛场面，这些又是这座城市的另一面。动静相宜，巴塞罗那的魅力源源不断的喷涌。安逸的生活格调，是西班牙最重要的贸易、工业和金融基地，西班牙最大的综合性港口。当然巴塞罗那气候宜人、风光旖旎、古迹遍布，素有“伊比利亚半岛的明珠”之称，这里也是西班牙最著名的旅游胜地。

La Diana 是在视觉上、体型上和功能上连接两个独立的和相互偏离的实体的运用：首层是一个商业空间，而二层是一个公寓。建筑的设计策略是基于现有的石板上进行钻孔处理，从而形成一个足够大的开口，让位于两个楼层之间的部分可以灵活连接，在其中间设计楼梯。楼梯被分为两部分，以便为一层提供更好的体验。这个 220 米高的金属平台可以作为中间过度的降落平台，另一方面又可起到分割生活区和厨房的作用。

设计师在建筑材料的选取上很好地响应巴塞罗那自古流传下来的建筑风格，试图修复或再现它的最初状态。 用一块自然的赤土色陶土铺设路面，剥离的墙面虽暴露出缺陷，但这些自带纹理的原始砖砌墙体本身不就是一种美的体现吗？一楼的混凝土条板画被放置在外墙的周边，与天花板交叉口。另外，混凝土条板将墙壁在两个不同的高度进行分割，也增加了室内的空间，让建筑本身和人类尺度产生相互作用。

▲ 在这个半露天的室内外衔接空间中放置了丹麦设计师维纳.凯尔的铁艺藤编座椅。铁艺与藤木的结合，彰显艺术性的美观。座椅线条流畅不仅符合人体工程学，而且柔和天然营造出轻松的氛围走向

▲ 入口设门厅，用灰色地砖及陶色地面铺装，起到内外的空间过渡作用。厨房操作台质感极强，纹理深邃迷离，让人难以揣摩。深咖啡色中镶嵌着浅白色的网状花纹，让粗犷的线条有了更细腻的感觉，极具装饰效果

◀ 地面层的亲密感可以通过在街区和室内之间，形成一个过滤区间的半室外露台而实现。窗户的大小排列和木艺的窗框座椅营造出一个亲切安静的空间

▲ 原始的砖砌墙体充斥整个入口空间，带来了一份空间的厚重感和文化感。原木的隔断将街面与室内完全分离

▲ 窗边立着处理过的盆栽植物和原木制茶几，阳光透过窗子，倾斜而入，使整个空间充满了独特的气息

▲ 稳重的灰色沙发与亚麻色的地毯，为人们带来心灵上的慰藉

▲ 粗糙质感的电视柜上摆放着数本彩色书籍，既活跃空间又不破坏主色调

▲ 墙面没有过多的修饰抹平，而是在原有的肌理上涂抹一层白色的涂料，做法简单但效果不凡

▲ 实木的茶几桌令客厅弥漫着暖暖的气息，为居者带来惬意而美好的时光

▲ 室内天花棚顶设计大胆的保留了混凝土的原色，配以简单的白色漆墙彰显出一种人文的随性洒脱。墙面的分割设计也增加了空间的立面层次感

楼梯的设计用心至极，黑白色百搭又经典。白色的抬高将地面的层次与空间进行分割，减轻了楼梯重量，同时也延伸了空间形成视觉过渡

简单的灯具与白色的墙面呼应，自然的赤土色陶土铺设路面，剥离的墙面显现出原始砖砌墙的纹理，虽有缺陷却充满传统风味。黑与白作为一对经典的色彩组合，有着强烈的象征意义和生命力，运用在此处，给人以简洁、单纯的审美感受和视觉享受

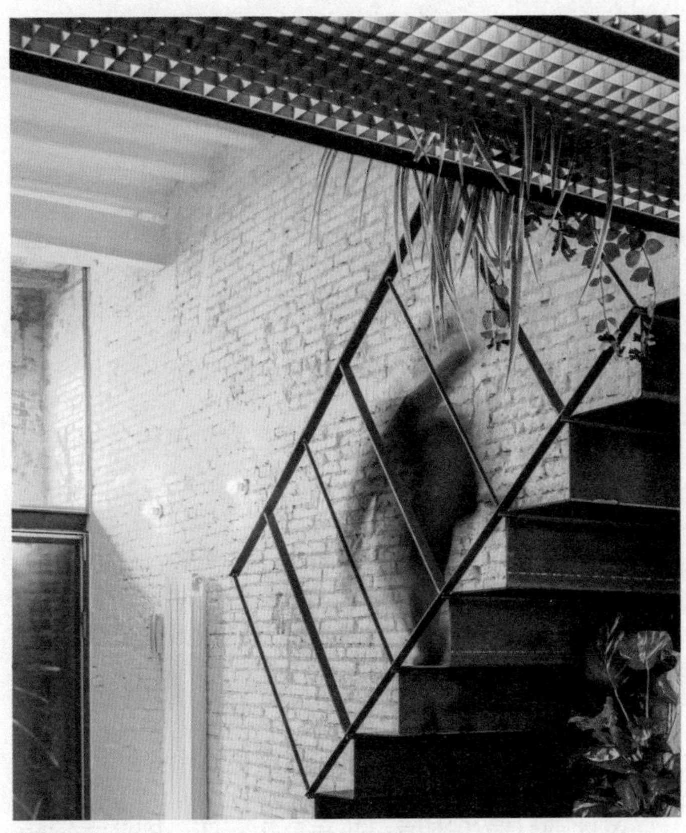

混凝土条板将墙壁在两个不同的高度进行分割，增加了室内的空间并使空间得到延伸，增强了空间一体性。像素风格的吊顶颇具未来感。绿植的垂吊的方式很别致

05 那不勒斯公寓

坐标：西班牙，巴塞罗那

那不勒斯公寓

—— NAPOLES apartment

设计公司：BLOOMINT DESIGN
摄影师：Caroline Savin
文 / 编辑：高红 杨念齐 于萌萌

昏暗的走廊，裸露的墙皮，老旧的地板……这样的公寓很容易让我们联想到一个艰难度日的家庭，每个人脸上都挂着呆滞和绝望。但我们理想中的“家”不应该是充满希望，充满阳光气息的吗？

年轻的埃及艺术家 Hana 购买了这个位于巴塞罗那市中心的 130 平方米公寓。房屋的情况非常糟糕，阴森的过道长廊、破旧的窗户、昏暗的室内采光、裸露的墙皮……这对一个拥有两个孩子的母亲而言，完全是晴天霹雳。设计师想要让空间焕然一新，但在翻新的同时，也希望挖掘出岁月之美。这给公寓增添了意想不到的魅力。旧的墙纸与砖墙，典型的加泰罗尼亚天花板用砖和木梁，还有一个非常酷的铁锅炉，设计师把这些元素巧妙地置入厨房构成独特的景观。地板是棕色的六角砖，它们不是典型的“液压瓷砖”，只要稍微清洁一下，就会显得很漂亮。

设计师打通了厨房、起居室和餐厅，创造一个超大的空间。打开走廊，设法开凿了一个用来装浴室床单、毛巾、工具和手提箱的壁橱。浴室的白色地砖，起反射光线作用。厨房虽小但很现代，简单的白色，松木的架子与柜台，以及手工制作的绿色瓷砖。所有的墙壁都涂成白色，甚至部分裸露的墙砖也都是白色，与粉红色的天花板砖遥遥相对，引入更多的光线，也创造出更大的空间感。设计师在人工照明上下足了功夫，足够的光线于空间而言是很重要的，这样就不会看起来像一个黑暗的公寓。所有的灯光都采用温暖的照明颜色和扩散玻璃来弱化某种侵略性的存在。窗户都换成为双层玻璃以避免能量损耗，内部的房门由于岁月的洗礼而状态不佳，设计师将其涂成浅蓝色，以色彩魔法将其更新。

打开一间卧室的门，里面是一张单人床，以及格纹的地毯，尽管房间没有窗户，但设计师们特意布置了窗帘。窗帘的颜色是肉粉色，更显温馨美好。整个房间的墙壁都是白色，起增加房间亮度之用 ▶

▲ 这是该卧室内部的细节图。床头是草编式的靠背，古朴素雅，天花板处垂落而下的小灯泡，是过去的钨丝灯泡

▲ 复古的铜把手，功能和装饰性并存

▲ 没有灯罩的钨丝灯泡，采用的是温暖的照明颜色和漫射玻璃，能够将光线温柔的洒向房间的每个角落，客户也爱上了设计师们制作的吹制的玻璃灯，而灯泡内部盘旋而上的钨丝，更像是魔法般令人向往

设计师们保留了很多典型的巴塞罗那公寓的精华，也增加了许多来自欧洲和埃及的装饰。对于门把手而言，这个磨损的带有一些锈迹的复古装饰的把手更能体现出设计师们想要传达的主题。天花板处垂落而下的小灯泡，是过去的钨丝灯泡。床头是手工草编式的靠背，古朴素雅。这样的草编靠背，留存手工的温度。纹路清晰，时不时有几棵草不听话地伸出来，更添自然古朴的味道。在现代的形式中，却能传递一种“岁月的流逝之美”。

▲ 床头处采用的草编靠背，这样的草编靠背，更能体现整个设计的精髓

▲ 这里应当是主人做缝纫工作的地方。用草编绳悬挂着未经过多处理的原生态木条，上面搭着主人缝纫时穿的围裙。旁边的复古桌子上嵌着缝纫机，墨绿色的机身，无不展现着过去的回忆

▲ 形状不规则，只经过简单打磨处理的木条，被悬挂的两条草绳绑住。作为主人临时搭放东西的工具，木条的纹路和颜色似乎都在诉说着“沧海桑田”，配上绳结，透露出主人的质朴无华

房间保留很多充满意趣的老件儿和来自自然的DIY作品。与素雅的墙面产生很好的反衬作用。公寓中心原本那个长长的、昏暗的、阴森的走廊也因为金属管的复古灯和柔和灯光来避免过于昏暗。而这样“裸露”形式的灯饰也增添了整个空间的复古意味。

▲ 这种老式缝纫机是呈现过去韵味的必不可少的东西。墨绿色的机身，镶嵌在古朴的桌子上，机身上的老式配件以及表现缝纫机品牌的字母都流露出复古的味道。桌子亦是可折叠的，能够减小使用空间，这二者的使用是表现复古主义的重要物件

▲ 顺着纯白色的墙壁折叠蜿蜒而上，金色的杆件展现出一丝富丽堂皇的意味。折叠向上到最高处，再向下垂落，一个吹制的圆形灯泡嵌入其中，漫反射的柔和光线照亮了昏暗的走廊，一个一个的灯饰引导着人们向内部走去

▲ 这便是公寓中心原本那个长长的、昏暗的、阴森的走廊。正是这条走廊，把我们带去很多地方，卧室、卫生间、衣柜、厨房和客厅。设计师们增加柔和灯光来避免过于昏暗，而这样形式的灯饰也增添了整个空间的复古意味

▲ 餐桌上摆放着新鲜的水果，女主人在对面整理窗帘，电视机旁边放置着大型绿植，在这个满是棕色的房间中添了一抹鲜艳的色彩。从这个角度，能够清楚的看到天花板的设计特色，那是典型的加泰罗尼亚砖拱

主人还带回了来自埃及的非常有趣的作品，例如作为旅行纪念品的地毯、窗帘和雕像等。在天井的涂鸦加入了一点现代气息，在这个项目的主人和设计师之间，整体的设计共同协作，共同创造了“光与暗”，“新与旧”，“我和你”的艺术。

▲ 厨房灶台的整体设计由干净温馨的木质纹理材料和白色柜组合而成，厨具餐具也同样选取同样的色调风格。中间的墙壁是由手工制作的绿色瓷砖，给人清新的感觉。铁锅炉放在柜子旁将整体的复古感推向高潮

◀ 小食桌上摆放着新鲜的水果。在以此小食桌为中心所形成的这方小空间中，我们看到了藤条编织的座椅，而为了呼应这个座椅，桌子上部的灯饰也采用了镂空设计

▲ 灯饰的局部特写。小食桌上部的灯饰用的是普通的小灯泡，然而特色之处在于灯泡外部的灯罩，墨绿色和浅粉色的镂空灯罩，撞色和谐而造型独特

▲ 藤条编织的座椅配合黑色的细椅腿，设计更显人性化，符合人体工学的设计，坐着十分舒服。与上部的镂空灯饰相呼应，既有古朴风情，又不失现代感

◀ 裸露的墙砖是设计师保留下的特色，想要创造出一种光与暗、新与旧的对撞。整个墙体上加上锈迹斑斑的挂钩给人一种复古的感觉，置身之中说不出的温馨安静

▲ 餐桌旁的小柜子。柜门的设计采用几何状的各色拼接而成，上面摆放着一个花瓶，火焰般的花朵绚烂绽放。后面倚靠的是一面白色的砖墙，凹凸感也直接暴露在外，传达出复古的气息。墙上挂着的装饰，也颇具异域风情的氛围

▲ 由于公寓整体偏昏暗，因此在光线好的地方，要尽可能充分利用。设计师们在窗户旁设计了一个宽大的飘窗，铺上柔软的垫子，放上舒适的抱枕，让主人可以在此处休闲，欣赏窗外的美丽风景

◀ 设计师发现了一个特色的铁锅炉。它表面锈迹斑斑，有一种人年代久远的沧桑感。而它形体比较小与壁橱柜的大小相仿，设计师将其置于整个灶台空挡作为装饰，与整个设计主题相呼应

▲ 巴塞罗那的餐桌都是靠窗而建的，非常值得赞美。欣赏着窗外的迷人风景，大自然的开阔，绿植的生机勃勃，吃饭亦是一种极大的享受。餐桌使用的是浅色木材，而椅子则是深棕色，形成对比。波浪形的天花板也成了另一种极具特色的设计

▲ 裸露的顶部和白墙，为建筑带来不错的肌理

▲ 加泰罗尼亚砖拱天花板之下，餐桌之上，悬挂着三盏透明水晶玻璃的灯饰，最中间的灯下垂较多，灯罩也比两侧的大，呈对称型分布在餐桌之上，让人一眼就看出灯饰的结构，非常简洁大方又不失复古风范

▲ 设计师们选择的是圆形木质茶几，随意的木质纹路，展现出古朴的质感，而地毯则是选择不同色块拼接的花纹样式，打破千篇一律，同时又呼应着整体风格

▲ 粉色沙发的一角，抱枕的颜色呼应着整个房间的色调。无论是在地板墙面的设计还是家具装饰的选择上，设计师都非常注意整体空间的色调

设计师们将起居室与餐厅打开，形成一个更加开阔的空间。棕色的地板能够给光线更多的思考空间。设计师们选择的是浅粉色的沙发，▶ 为空间增加了一抹温馨的色彩。大部分家具都离不开木头这种材料，它是一个必不可少的主体

06 界

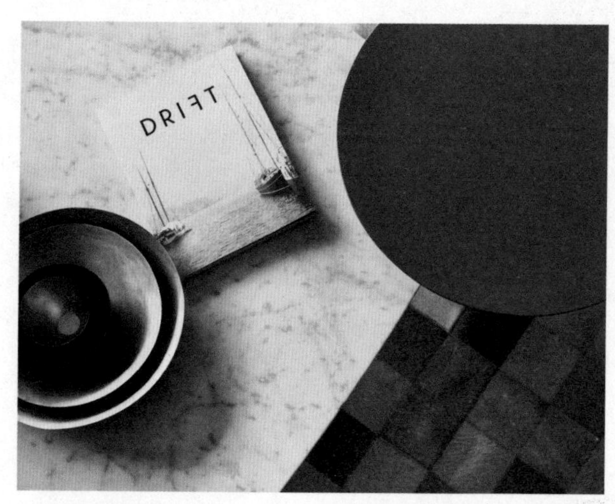

坐标：中国，台湾

界

设计师：方信原
设计公司：玮奕国际设计
摄影师：Hey!Cheese
文：李禹（大连工业大学）
编辑：高红 吴雪梦

自古功成名就之士，其选择无外乎有二，或彰显荣耀于人，或收敛锋芒于己。可见“收”与“放”之间的取舍，蕴含着莫大的人生智慧。于本案业主，一位事业有成、看尽人间世事的长者而言，「家」的定义乃是动与静、繁与简之间的平衡之处，是内敛温敦的气韵交融，是“尘世间的一片净土”。

红、黄、蓝历来是古代皇族最常使用且备受推崇的三种颜色。为了与业主从容向内的心境和兼容虚怀的气度相契合，设计师另辟蹊径地选择蓝色为主色，因蓝的深谙沉静雅致，较热烈的红和华丽的黄，不仅仅象征了财富与名望，更寓意了内心的富足之境。

在空间中，设计师运用了大量的灰色阶材质，如质朴的水泥、灰黑色的木皮以及低明度且低彩度的色块。这些元素共同构架起一个层叠的空间，呈现出不完美的完美，在不规律中诠释着某种秩序。其实完美与否完全是取决于个人心中的那份标准。尘世中的纷扰，内心深处的那份宁静，不也是这样！

居所，不是设计师的竞技场，而是居住者内心深处的转化。在空间处理上，以现代主义的理性作为整体规划技术面的主轴，精神内涵上则以儒、道、佛形成的「禅」，「侘寂」为诠释，再融入宋代美学简约的细节。餐厅，是入口玄关的延伸，П字体的大范围蓝色墙，其漆面是手工的不规律层叠的凹凸表面，形成不均匀的深浅变化。观者不同，其内心的感受，必有所不同。

▲ 质朴的水泥墙面，如同画布般的背景，黑（电视）、红（收纳柜）色块，点缀其中

▲ 落地窗的留白令空间获得大面积采光，光影之间丰富了颜色的层次和质感。浅灰的沙发与墙体呼应，统一和谐。黑色的点缀增加空间重量感，达到一种平衡美

▲ 对称加厚的分隔墙体，既是场域的界定，亦是心境的分界

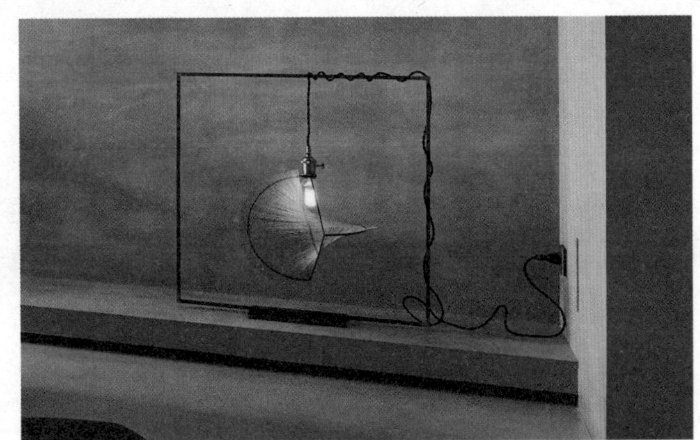

▲ 铁艺缠绕出框架灯，构成了一幅框景

▲ 以现代主义为圭臬，准确的比例分割及体量运用

▲ 半隔断的墙体分割出就餐空间和客厅，既丰富空间层次又起到功能分区。灰蓝色和蟹灰色的墙面刷漆亦在视觉上进行了区分

Kerry Hill
DRIFT

▲ 墙柜的黑和整体的灰在空间处理上以现代主义的理性理念作为的主轴，而精神内涵上则从儒、道、佛做诠释，融入宋代美学的简约处理方式，一切都从容不迫

▲ 色调搭配以高级灰为主，皮革感的地毯，蓝色的圆桌，优雅从容

▲ 开启闭合的光影，使得家具品牌“盘多魔（Pandomo）”的呈现，如同山水画中的水波涟漪

◀ 墙上的壁架将墙体分割，毫无一丝突兀宽大。方形与圆形的茶几高低错落，在不规律中彰显着某种秩序

▲ 灰红色块的点缀是内敛温敦的气韵交融

▲ 烛台的运用，那是一种传承与环保的隐喻

▲ 空间顶部采用白色刷漆，不显压抑，反而通透

▲ 木质的烛台架与铁艺的烛台，充满巧思、美感，蕴含着中国式智慧，呈现于空间中便是轻松的身姿和取法自然的质朴

少量黑加白营造出视觉焦点，而流行的灰色融入，只缓和黑白的视觉冲突，带来另一番风味。三种颜色给出的空间，充满了冷艳的未来感 ▶

Building Better – Sustainable Architecture for Family Homes
gestalten
Kerry Hill
Crafting Modernism

▲ 灯具设计别具一格，向上的光源投射进屋子了柔和了光线，温暖了时光

▲ 一个颜色的万千层次在空间得以舒展。墙面的纵向纹理与床品的横向摆放形成交叠，黑白灰的应用大气又儒雅

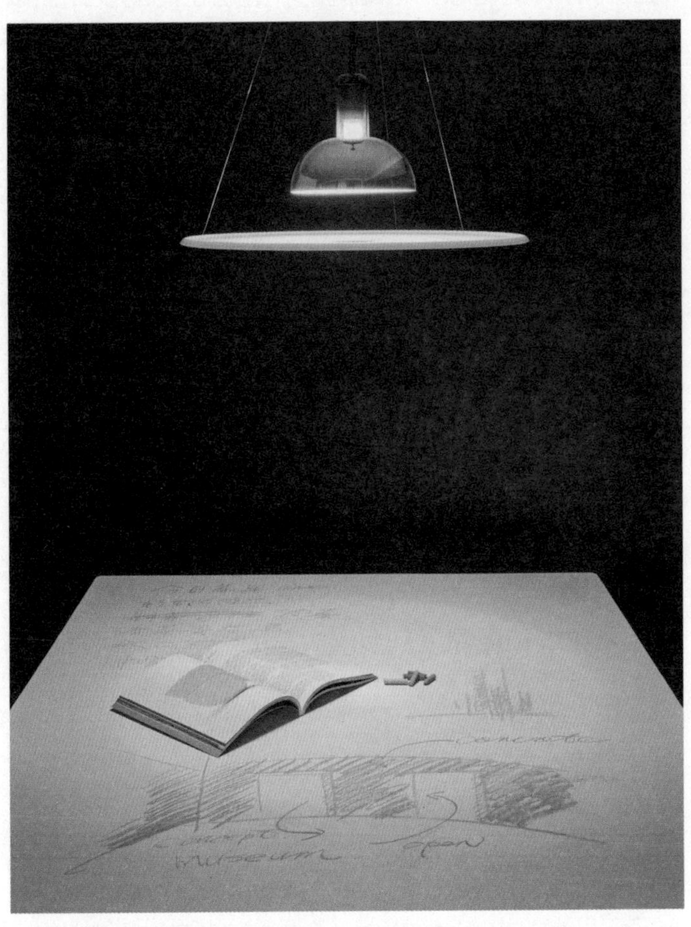

▲ 灯具在蓝色背景墙中显得高冷、理性，与居者的秉性不谋而合

▲ 手作触感的蓝色墙面，单一却又富有层次变化

07 澈之居

坐标：中国，江苏

澈之居

设计师：方信原
设计公司：玮奕国际设计
摄影：JMS
文：曲纪慧（大连工业大学）
编辑：高红 于萌萌 杨念齐

"澈，水澄也。"——《玉篇》

澈，本意为水清，清朗。引申义为通，达。何为澈，位于南京的澈之居便将这个"澈"的禅意诠释得淋漓尽致。

整个房子共4层，地上3层和地下1层。每一层都被赋予了恰到好处的功能区间。整个房间以白色为主色调，白色的门、白色的窗、白色的墙、白色的天花板等等。通过借助建筑不同块状体置入于纯粹的白色因数里，巧妙地塑造了各楼层间的机能空间，恰如其分的营造出清澈、舒适而雅致的氛围。

一楼空间以置中的BOX设计概念切入，将整个场域区分为起居室、餐厅（含开放厨房）、次起居室以及阅读室。其中的BOX作为空间的核心，如同字面的意思，传达出家的内在本质，成为了整个空间的视觉焦点。而设计中微抬两阶的漂浮式阶梯处理则加深了区域间的界定力道，使空间更富层次感。大块的落地窗引入足够的自然通风与光线，与庭院景致相呼应，使家人足不出户，便可轻易体验到时间的流逝和季节的变换。沿着楼梯拾级而上，穿梭于白色钢琴等现代化的家具间，忽然豁然开朗，简洁的设计感扑面而来。可贵的一点是，泥土的气息和温暖的橡木地板中和了以白色和灰色为主色调的单调色彩设计，让空间更有层次变化感。与此同时，这层空间的设计在孩子成长需求和生活方式的习性上也是下足功夫的，巧用灰绿色、砖红色和金色的色彩搭配为有孩子的家庭创造了一个舒适柔软的环境。负一层是男主人招待好友的接待区，运用艺术品的陈列做了一个调性的区分及转变。整体色彩以灰黑色调为主，质朴的灰与自然的光交织，让人自然放下重负，大器沉稳之中体味空间的淡淡禅意。

整个房子的主调为白色，但最吸引人的设计却是那"黑色"的运用，比如绚烂的楼梯灯，白色大理石的水墨花纹和最深沉又浪漫大气的雕刻墙。何为澈？何为白？恐唯有对比，答案才会明晰。浊才体现澈，黑才显现白。

以白色作为本案设计中最重要的记忆因素，墙面通体粉刷为白色，而又以沙发、电视及后墙面壁画的黑色来衬托白色，正如"澈之居"的名字一般，又以体现出一种纯净、简美之感 ▶

The Way of Love
Love is patient and kind; love does not
envy or boast; it is not arrogant or rude.
It does not insist on its own way; it is not
irritable or resentful; it does not rejoice
at wrongdoing, but rejoices with the truth.
Love bears all things, believes all things,
hopes all things, endures all things. Love
never ends.

▲ 落地的大玻璃窗户带给客厅充足的阳光，外面的美景也一目了然，黑色皮革与沙发又中和了白色的主调

◀ 以广角视线观察整个房间交通枢纽和开放餐厅，明暗对比强烈，方圆对应抢眼。房中的BOX作为空间的核心部分，以灰黑色展现，给了空间一份敦实感。右侧的鳞片型的楼梯和星星垂直吊灯，贯穿空间且连接各楼层

▲ 具有现代几何图案感的纯白色圆形餐桌搭配黑色皮质的简洁座椅，再加上餐桌顶部两个大小不一的圆形金属吊灯，体现出一种家庭和谐的氛围，与 BOX 上的爱的箴言相得益彰

Ciao

开放式厨房餐厅桌子上的吊灯采用金属圆环设计，上下两层，一大一小，充分照亮，圆桌。极细钢线的牵引，展现了技术的力量。吊灯也呼应着圆桌，呈现出一种和谐之美

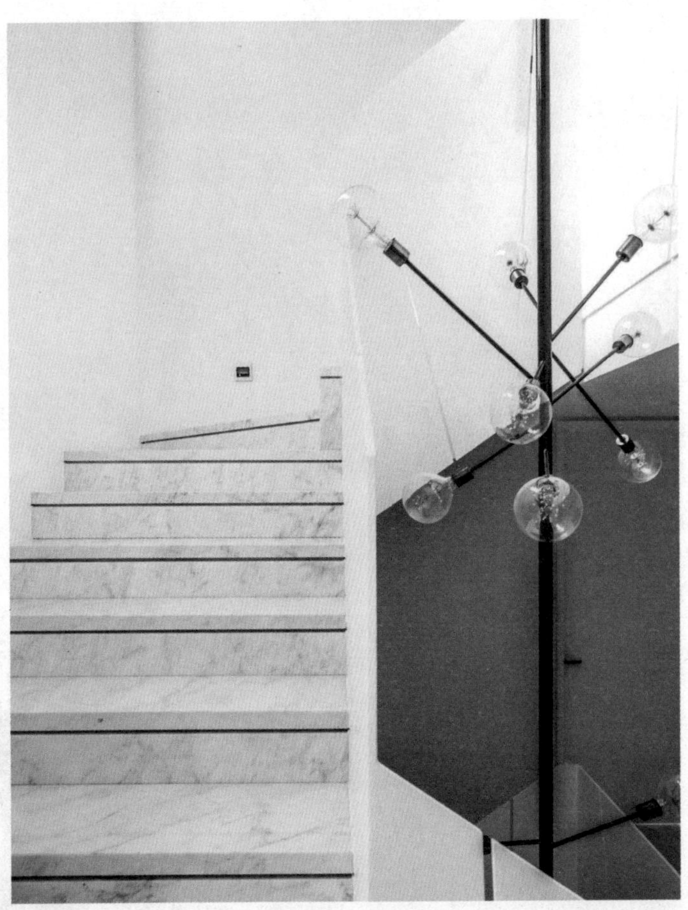

像满天星一样的灯饰立在整个楼梯之中，镂空的扶手薄板搭配像水墨花纹般的大理石台阶，给人一种黑与白、阴与阳的调节对撞之感，颇有禅意

在开放式厨房的餐厅上，吊灯像大光圈一样悬挂在桌子上方，呼应圆形桌子，一家人围坐在一起吃饭，更添温馨之感。另一边，设计师们称其为巨大的BOX，上面有关于“爱”的精选引语，调动起家庭生活的感性因子，成为整个空间的焦点。

楼梯间扶手的设计也极具特色，纯白色的薄板带着简约大气的几何拼接，镂空处留置的小缝隙也恰到好处，体现出典雅华贵之美。楼梯间的中心，竖着一根极高的黑色杆件，上面又延伸出无数的小杆件，支撑着一个又一个的小灯泡，点亮之后像一颗闪闪发光的树一般，照亮通往楼层的通道。

这个空间的特色是拐角处的鹿角装饰挂衣架，与会客厅墙面上鹿角装饰相呼应，一个是纯装饰品，另一个是有实用价值的装饰品，下面的小椅子又增添了一抹趣味

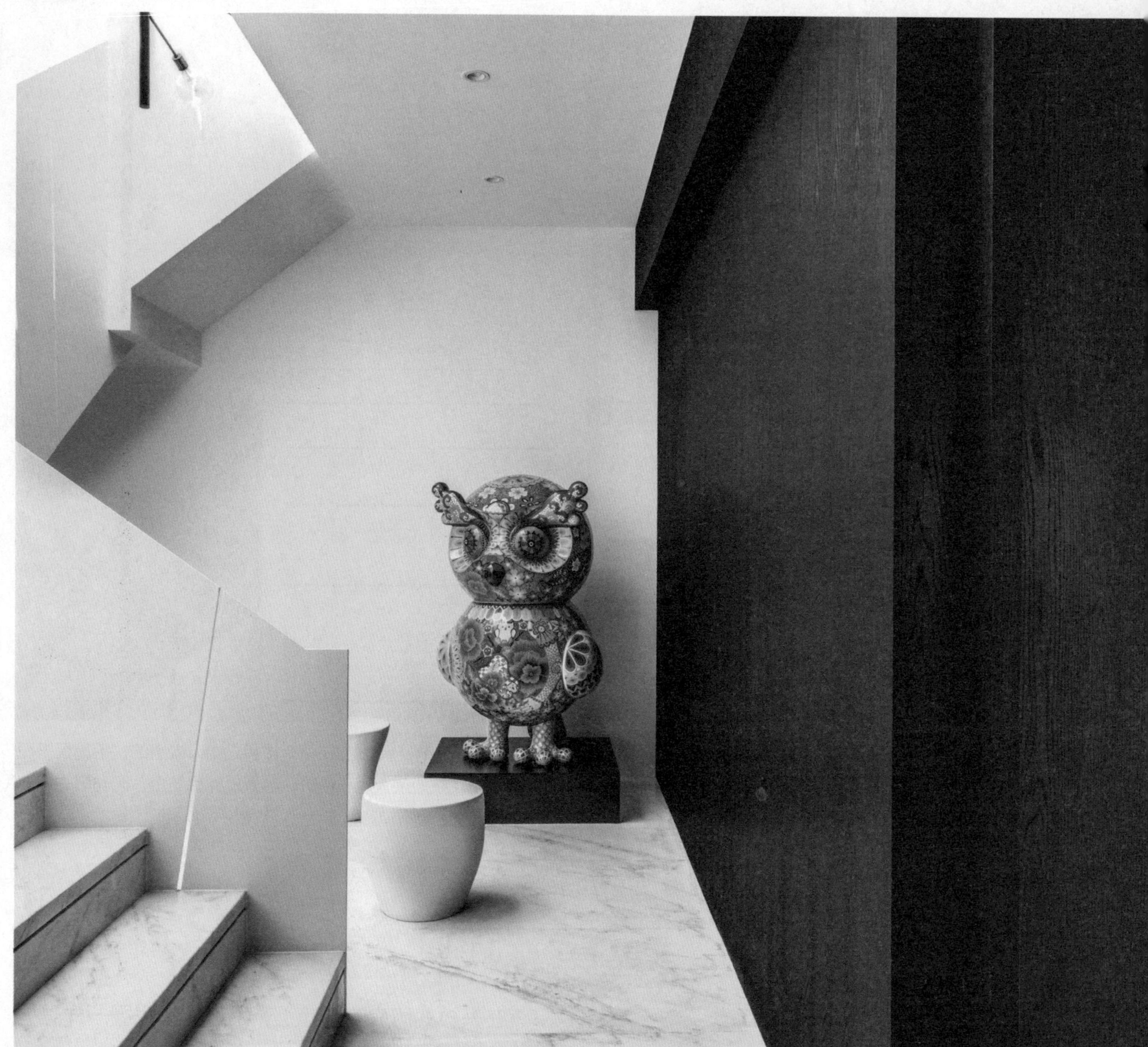

▲ 一个巨大的黑色 BOX，将空间分割为两个完全不同的色调，一个以白色调为主，一个以黑色调为主，左侧是规整平直的白色，右侧是凹凸不平的黑灰石砌墙面，极大的反差，表现出设计师们的功底

▲ 楼上的通道、墙面及门均是纯白色。由于很容易产生视觉模糊，于是设计师们便用黑色加以过度，黑的门把手，黑的灯杆，巧妙地处理了白色的迷惑感

▲ 白灰色花纹大理石的楼梯，栏杆扶手也是全封闭的，增添了空间的高贵典雅和大气感。一根黑色杆件支撑着多个简约的灯泡构成了楼梯间的照明工具，像多角的星星一样闪耀

这是一件极具现代设计感的家具。深紫色的表皮，流线般的设计弧度，符合人体工学的设计原理，主人和家人们在这里休憩，交流感情和生活感悟，更加放松与随意，也符合儿童活泼好动的天性。还有一个可爱的小座椅，典雅而不失趣味

这样趣味的座椅你见过吗？整个椅身微微后仰，让你坐下便沉浸其中，紫色的椅身，扶手处是一个直角设计，整个沙发高度较低，坐处离地面较近，目的当然是为了尽可能的舒适

这便是被巨大黑 BOX 所分割出的另一个空间。整个空间都是灰黑色调，质朴的黑与自然光交织，使人不禁放松了身心，大器沉稳之中透露出些许淡淡禅味

▲ 一个用玻璃、木材和钢线组成的架子，既具有实用意义，又起到装饰作用

在这个以灰黑色调为主的房间里，摆放着一个漆黑的大方桌。划分空间的重担就落在了褐色上，如对面墙壁的装饰，桌子旁边的座椅等。而悬挂的灯饰，依然是金属质感的吊灯且形状不规则，在这简约大气中擦出一丝叛逆的火花

对面两个鲜亮红色的皮质沙发，成为了整个房间的亮点。沙发依靠在凹凸不平的石砌墙面上，带来一种原始之美，与现代设计感的沙发，无论是颜色或是风格上，都形成了一种鲜明的对比

这个房间沙发采用的是流线异形沙发，极具未来感，藏蓝色又体现出男主人的沉稳大气。阳台入口设计成折叠推拉门，可完全打开，与室外亲密接触，通风效果也很棒！而地面采用灰色抹灰，未经打磨处理，直接暴露它的原始样子，也从另一方面体现了设计感

▲ 卧室在全白墙的基础上给一面墙刷上了黄绿色，配上红与绿的枕头，展现出设计师们简约而不简单的设计理念。木质的地板又增添了一丝温馨的感觉

▲ 浴室的墙面采用的是灰白大理石瓷砖，干净整洁，纯白的椭圆形浴缸，灰白色的台盆，门和窗户均是百叶设计，确保了隐私性

◀ 房间延续了白色的主调，纯白色的钢琴给人极度优雅之美，简约又感性。而打破纯白境地的是灰色的抱枕、一面灰色的墙以及黄绿色的窗帘。那一抹黄绿色，在这样简约大气的设计中尤为出彩，仿佛于空间中弥漫了一股泥土气息

▲ 对于整个居室的设计，既要把握一个共同主题元素，又要依据不同的房间，做出略微的调整与改动，避免千篇一律。这个卧室与钢琴屋的设计便是如此，既有相同的元素，又在这些元素的基础上略作改动，避免重复

▲ 一目了然的黑白灰就像素描画一般。床头的设计颇具特色，向两边弯曲包裹头部，可见设计师的用心，床头两边是简约的圆形小桌，像盘子一样，可以放置一些杂物

▲ 走进这间卧室，一股男性的气息扑面而来。橡木地板体现出一种温馨感，而藏蓝色与灰白色调既能展现出一股简约大气感，又是一种性冷淡风的代表色。此外窗帘的设计亦是对整个房间的主题的呼应

▲ 从卧室的尽头向外看去，黑色的电视，纯白的墙，还有与床头呼应的夜明珠一样的灯。通透开敞的设计把“澈”的核心理念淋漓展现，让原本因为黑白的设计显得压抑的空间透亮起来

▲ 整个更衣间是以纯净的白色为主题，白色的衣柜，白色的镜子，白色的床和墙。墙上的鹿角作为衣挂，巧妙选用棕色的沙发座椅和金边的箱子置入空间，既不显得与整体格格不入，又给予整个空间一份重量感和温暖感

▲ 依然是黑白灰的主色调，床旁竖着一根杆件，上面放置着夜明珠般的灯饰，典雅大方又不失华美。另一侧的沙发设计，像一个充过气的黑面包，这样趣味的设计在端庄的整体空间中展现出不一样的美丽

“露石”，“露天”，“露水”(引水景入室)，
“露木”“露金属”“露砖”……
经典案例教你用“裸露”营造轻松愉悦的度假氛围

6

度假屋、民宿篇

——巧用“裸露”打造的度假屋和民宿范例

VACATION HOME

■本章节从世界各国中精选了4个不同国家的度假屋和民宿，从希腊、以色列、奥地利、中国出发分别介绍了各个国家对“裸露”元素的运用，如何将民宿和度假屋打造成既有自己的设计特点又不失时尚的空间。本章节也详细展示了能够影响整体及细节的“裸露”设计因素。

01 卡耶斯的度假屋

坐标：希腊，斯巴达

卡耶斯的度假屋

Vacation House in Karyes

建筑师 :John Karahalios Elisavet Plaini
景观设计师 :Eleni Tsirintani
特殊结构 :Giorgos Mathioudakis
设计公司：Plaini and Karahalios Architects
摄影师：Nikos Papageorgiou
文：王婷（大连工业大学）
编辑：高红 吴雪梦

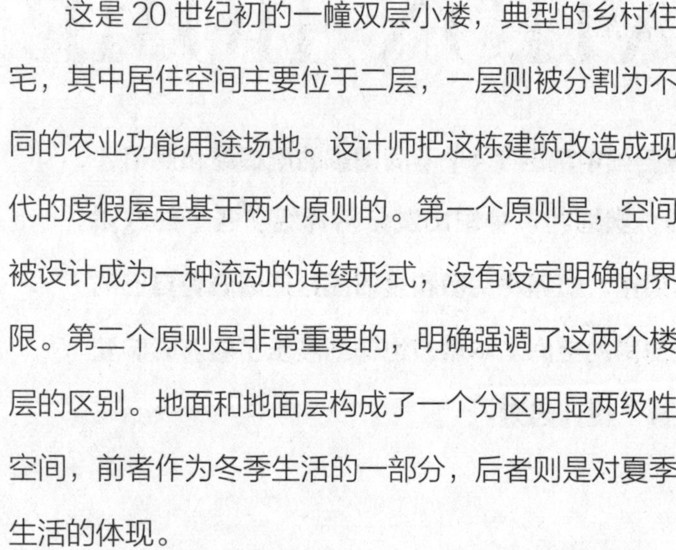

这是 20 世纪初的一幢双层小楼，典型的乡村住宅，其中居住空间主要位于二层，一层则被分割为不同的农业功能用途场地。设计师把这栋建筑改造成现代的度假屋是基于两个原则的。第一个原则是，空间被设计成为一种流动的连续形式，没有设定明确的界限。第二个原则是非常重要的，明确强调了这两个楼层的区别。地面和地面层构成了一个分区明显两级性空间，前者作为冬季生活的一部分，后者则是对夏季生活的体现。

二层的天花板和墙壁全部被漆成绿色，与周围的景色形成了很好的呼应。整个二层的绿色空间是被作为生活区而存在的。借助于那些保留下来的城市元素，比如旧水磨石地板，可以寻得一些旧房子的影子。所有新安置的地板都围绕着这块旧的水磨石铺置，功能分区也被重新划分。

一层空间生动展示了房屋最初的石壁样式和之后的建筑结构改造。室内的各种元素都是白色的，而且非常统一。这个空间被划分为三个级别的子空间，用来区别不同的功能。水平方向的两级性也出现在了立面上。地面被粉刷成白色，而地板的纹理则保持不变，以昭示一种时间的流逝。旧建筑的主要特质在它的剖面上得以展示出来。那是一种无形的状态，通过现代的改造手段再现完美，并可以应用到其他的设计中。

上下空间通过剖面可以看出，对比十分明显。上层供冬季使用，下层则为夏季准备。上下两层无论从装饰还是功能使用上都形成了强烈的对比 ▶

▲ 竖向的复古壁炉与对称的点状复古壁灯以点、线的形式丰富墙面设计，颜色又与地板色泽呼应

▲ 深色的楼梯以另一种形式将绿盒子划分为两个空间，结合不同地板材的质搭配使用，深浅不一。楼梯的扶手设计也十分别致，材质上以钢铁搭配木质，形式上却是线状搭配面状，使得二层的整片绿墙多了几分生动活泼

▲ 被绿色墙壁包裹的室内空间，通过地板材质界定不同区域。三种材料（预制的水泥、水泥砖和橡木）全部排列在 L 性的水磨石地板周围，有深有浅，丰富中又显整齐划一

▲ 旧建筑的主要特质被封存在视线不可穿透的剖面上，即上下空间划分十分明显，阻碍了视线交流，有别于现代客厅的上下穿透设计。现代的改造手法保留了旧建筑的优点，把这里转变成了一处日常生活领域，保证了一定的生活私密性

▲ 卫生间的划分别出心裁，底部的透明玻璃暗示这一空间的功能，同时也打破了整片绿墙带来的沉闷感。即使在这样的小空间里，其材质搭配与空间交流也都是独具一格的，带有现代设计的风格

▲ 厨房的墙壁上布满了各式元素，这也是生活中必不可少的用具，琳琅满目的墙面搭配简单地板，干净中又自带着烟火气息。大理石灶台贯通整个厨房，横向界定明确，又通过短墙划分出里外两个空间，明确又不繁复。复古的壁灯与茶壶搭配空间竖向设计，布置集中又丰富

一二空间通过剖面可以看出，对比十分明显。二层供冬季使用，一层则为夏季准备。上下两层无论从装饰还是功能使用上都形成了强烈的对比。二层通过设置的复古装饰元素与等级排布，让人想起曾经的老房子。窗户保留复古落地格子窗的原貌，并用复古壁炉将空间对称划分，复古风的窗户、壁灯、茶几及沙发都围绕着壁炉对称排布。天花板和墙被刷成了绿色，与自然山脉构成了某种对话。绿色的盒子形成了客厅区域。古旧的水磨石地板得以全部保留，彰显着旧方案设计的怀旧气息。

一层全部漆成白色，但是又保留着所有材质的纹理特征，冷色调的装饰适应炎热的夏天，而绿色的风格配以寒冷的冬天以此完成着某种弥补仪式。下面的木圆桌排列呼应着二层的木材质，丰富着一层的色彩布置。一层同样没有选择在天花板上设置一个大的灯具，而是采用散状的球形灯以高低不同的形式排列，白色的球状吊灯和落地灯散发光暖暖的光芒，使得一层空间在冷色调为主的风格中又有了些许的人情味。

▲ 以水泥砖地板形成的空间作为餐饮生活空间，原木质家具置于绿色空间中，形成浓郁的乡村风情。墙面上的弧线镜子及周围的各式相框丰富了墙面。桌子上的绿色瓷瓶以复古的样式呼应着整个室内装饰。天花板上的点状灯均匀排布，使得空间变得十分均质，更富现代气息

楼梯的踏步也没有做成厚重的样式，而是改为简单轻盈的形式。同样在一层空间中，丰富的空间划定与材质、点状的球形灯、垂直线状的立柱和斜线状的楼梯，以点、线、面三种元素相互搭配的设计手法丰富着整个室内设计，使一二层整体看起来也没有过于突兀，反而相得益彰。

▲ 落在地上的灯打破了纯白色地面的单调感，小小的拱形门自带某种神秘感，形成空间中的空间，趣味十足。整洁的沙发被布置纹理明晰的空间中，让人不禁想到一些老建筑的风味，给人一种时间穿梭的错觉，每一处凸起的纹理都超有时间感

▲ 从楼梯与一层整体颜色的对比上就可以预想到上下空间的戏剧性装饰冲突

▲ 转角踏步丰富着室内高差，有力的划分着空间结构

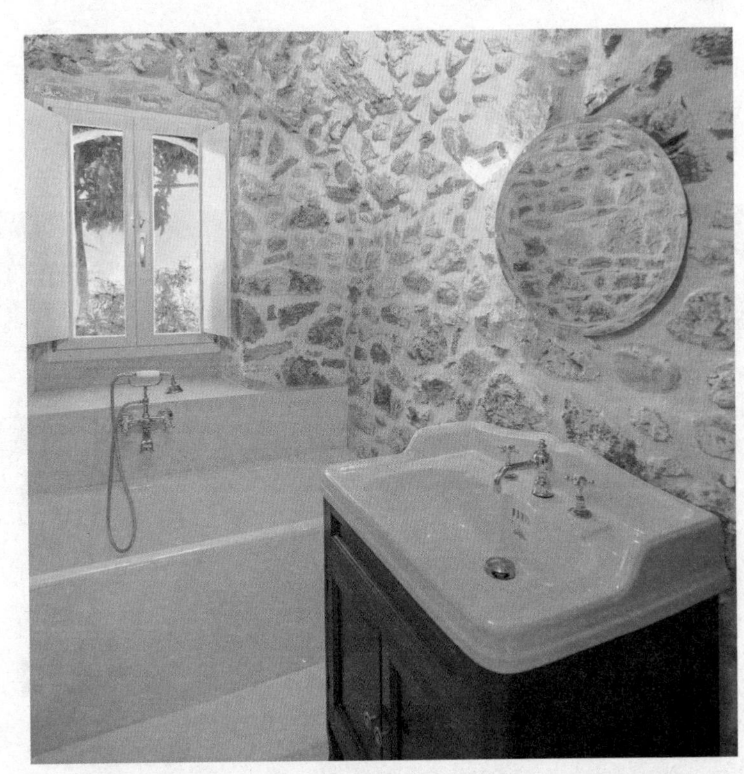

▲ 木质的柜与光滑的白色浴具对比强烈，石壁与木质搭配又相得益彰。最有趣味性的要数洗脸池上的圆形装饰

楼梯成为了连接上下两层的关键性装饰元素。圆拱形空间作为会客空间，其内聚性给人一种心理上的私密感与安全感。对比二层空间的矩形空间，一层的半圆形空间显得更为活泼。简洁的白色沙发，配以在节点处安置的灰色抱枕，简单的明确了空间转折。而乳白色的抱枕搭配偏暖色的灯光，墙壁上的拱形壁洞又与空间形状呼应，十分富有新意。

转角踏步同时也保留了旧建筑的结构样式，让时间于此形成了对话。平整的踏步与凹凸不平的石壁在竖向空间上也得到了明确的划分。白色踏步与深色楼梯在住宅主入口处发生戏剧性的转折，此处的空间划分不单为水平方向，也兼具了垂直方向。室内外空间的转折，一层与二层的空间转折，卧室与会客厅的空间转折，三种空间都在这里交汇，十分精妙。

一层的卫生间布置也同样十分精致，木质的柜与光滑的白色浴具对比强烈，石壁与木质搭配又相得益彰。最有趣味性的要数洗脸池上的圆形装饰，丰富墙面又带来点状元素的呼应。室外的绿色对应木质的柜，空间材质丰富，简洁又现代。

▲ 纹理丰富的地毯代替了平整的地板，呼应着石壁与拱形天花板。此外由于该空间整体偏低，很容易让人有安全感

▲ 地毯的细节装饰以线的形式丰富空间

▲ 拱形的天花与石壁连在一起，纹理突出，诉说着时间的流逝

▲ 联排的白色沙发充分利用了原有的旧建筑结构

▲ 卧室空间是开敞的形式，同样是全白的色调，床以对称的形式被置于两个方形窗之间，又通过梳妆台和衣柜打破了这种绝对的对称，提升了卧室的空间等级。两个白色球形吊灯分布在床两边，强调了空间的点元素，衣柜与床强调了面元素。最令人惊喜的是天花板的线性元素，充分利用建筑的结构优势，一条条的线均质的排布，对比强烈

▲ 流苏的床单增添了田园风格，镂空的材质使空间轻盈许多

▲ 白色的梳妆台与绿植点缀空间，增添了生活气息

▲ 点状灯与线性天花的强烈对比

02 立式石屋

坐标：以色列，萨法德

立式石屋

——Vertical Stone House

设计师：Henkin Irit & Shavit Zohar
设计公司：HENKIN SHAVIT Architecture & Design
网站：Www.henkinshavit.co.il
摄影师：Assaf pinchuk
文：余剑峰 余亦霈（景德镇陶瓷大学）
编辑：高红 杨念齐 于萌萌

2012年，萨法德被美国CNN评选为全球十大最美小镇之一。这座位于上加利利山区的小城，虽然人口不到三万人，却与耶路撒冷、希伯伦、太巴列并列为犹太教四大圣城。萨法德是一座山城，故而建筑的墙面材料没有使用传统的耶路撒冷石材，一家一户似用胶水不规整地粘在一起，一家上面摞着另一家。

本案是在旧城萨法德基础上重新设计和规划的私人住宅。在萨法德旧城区，拥挤的旧石建筑群是一个复杂的背景，决定着新旧之间，保存与更新之间，传统与新潮之间的对话。房子是一座古老的石头建筑，以希伯来字母"ה"的形状构建。它的原始布局包含五个层次：酒窖层、3个住宅层、上层 、阳台和外层空间。房子包括厨房，沙龙和地面上的用餐角落。地窖层是储物和业主孩子玩耍的空间集合。中间层包含公共空间、卫生间和淋浴间。在上层有一个休息和工作区，连接浴室和卫生间。这个空间是由一个通往不同区域的两个翼状桥梁组成，连接着阳台和外部空间。规划的概念是一种保存和更新的价值，连接着内部和外部，公共和私人之间的联系。作为外部空间的庭院在新房中起到公共空间的作用，而外围空间则起着新房中私人空间的作用。房子的设计利用了原有的石灰石、拱门、拱顶和壁龛，与新获取的材料如混凝土、马赛克、钢、锡脱粒以及透明或半透明的等相结合。房子有一个令人印象深刻的垂直部分，轻钢和木桥连接起公共空间的交流。这座桥与原来的阶梯相对应，决定了垂直的循环往复。

巨大的石壁由一层延伸到上层，辅助材料则由玻璃和钢组成，厚实与透明并存 ▶

这是一座古老的石头建筑，保留了原本裸露的石砌墙面，在必要的地方重新砌筑一个白墙的墙面，将空间重新划分组合。立式石屋在外部样式上保留了原汁原味的萨法德的建筑风格，与周围的老建筑融为一体。而内在却别有洞天，豪华的现代室内风格与古风的石材外观相对撞，令人叹为观止。从台阶顶部向下看去，首先映入眼帘的是会客厅内颜色鲜艳丰富的沙发。顺着拐角延伸过去，即是三个大小不一的圆形镜面茶几。而吊顶的灯饰则从二楼的天花板一直延伸到一楼。

▲ 台阶处有天窗，光照充足。站在台阶高处向下望，一种幽深感油然而生，栏杆扶手均是透明玻璃，干净而通透

▲ 此处光线充足，明亮通透，绿植放在这里最合适不过。侧面的高窗既满足了对阳光的需要，又能保护隐私。空间的部分隔断依然采用透明玻璃，透露出一种古老与现代的相互交织

▲ 顺着拐角延伸过去，即是三个大小不一的圆形镜面茶几。而吊顶的灯饰则从二楼的天花板一直延伸到一楼

▲ 墙壁是由石材构成，楼梯是由钢铁制成，扶手是由玻璃组成，地面选择由混凝土拼成，各种材料构成一个特色空间

▲ 对于住宅保留部分与翻新部分之间的平衡，设计师们是需要十分谨慎的。住宅空间的垂直切面效果是令人印象深刻的

▲ 地下层的酒窖与一层通过一个拱形门连接起来，而这个酒窖的拱形门正位于楼梯下面，拱形门旁边就有一个吧台，可以直接在此处饮酒与休闲

▲ 一层会客厅旁边的另一个房间

从这个角度看，男人和女人就像橱窗里摆放的芭比娃娃，隐隐约约、朦朦胧胧。然而只有女人所在的位置能够打开通向楼梯的门，增加了房屋的艺术性，若即若离，如梦如幻

由于错层、拱顶、天窗的缘故，空间打破了大多居住空间的沉闷与雷同。仿佛一个迷宫，你和门后面的他（她）总在不经意间相遇，即使只是隔着门看到，婆娑的倩影引来无数美好的想象。孩子们也能找到自己玩耍的“密室”，孩子们在石墙的小洞里跳上跳下，或坐在椅子上弹吉他，或玩着保龄球，别有一番滋味。童话里公主和王子的城堡也不过是这般模样。

▲ 这是一个供房东孙子孙女们玩耍的房间。其中一面墙保留了裸露的石砌表面，采光是极其重要的事情，另一侧的白墙则开了窗户。供儿童使用的房间，

▲ 公共卫生间与客厅通过一个大透明玻璃门隔断。设计师们对住宅中的某些部分做了裸露处理，石头墙、拱门石头壁龛以及那令人印象深刻的水井间都在这一阶段做了裸露处理

▲ 这是一个带有洗脸池的卧室。整个房间包括门洞都是拱形的，边上的白墙开有拱形的高窗，在保证采光的同时，也极大地保护了隐私

03 舟山云海苑

坐标：中国，浙江

舟山云海苑

设计师：关天颀、高亢、刘少华等
设计公司：空间进化（北京）建筑设计有限公司
摄影师：杨建平、章勇
文：孙明
编辑：高红、李响

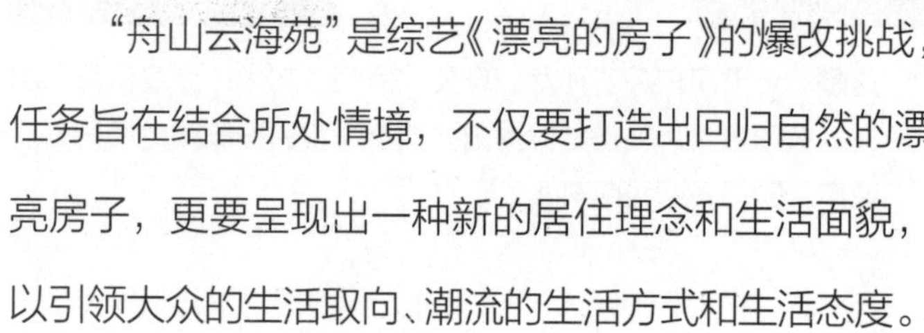

“舟山云海苑”是综艺《漂亮的房子》的爆改挑战，任务旨在结合所处情境，不仅要打造出回归自然的漂亮房子，更要呈现出一种新的居住理念和生活面貌，以引领大众的生活取向、潮流的生活方式和生活态度。

项目位于浙江省舟山市舟山群岛的一个小岛的村落中，这不仅仅是一次单纯的室内改造，同时也要结合场地、环境、人文等许多公众性问题来来调整建筑设计。但由于客观原因，设计与施工周期被压缩到仅有 60 天（舟山项目实际仅有 40 天），对各方而言，都是一个巨大的挑战。因此在设计之初设计师就要综合考虑技术、材料、工艺实施、落地等项目的可行性及完成度。

舟山设计排除了村内大量的空心房子后，选择了位于海边的两处空置了近 70 年的房子进行改造，上下标高近 4 米左右。建筑整体选取当地石材建构，较为坚固结实，但由于当时建造技术与材料的条件限制，屋面部分有部分坍塌。两间房均朝向西南面，山墙则是东西朝向，临海面积较大，这就在无形中增大了被台风侵蚀的风险。

考虑到要在仅 40 几天的工期内达到符合拍摄要求并能经营使用的目标，建筑、室内、景观等各个空间设计的均衡时间就尤为紧迫。如何在这个仅有几百人且依靠大陆输送生活生产物资的海岛上，选择最合适的建造方式即是成功的关键，也亦是设计的重点。

他们希望，在岛上清净幽远的氛围中，建筑与环境能够呈现出一种和谐共生的美感。置于其中的人们，能够去思考建筑与环境的关系，能够自觉地关心我们的人居环境，能够享受建筑带给我们的空间愉悦感。

同样是钢筋混凝土结构打造的风雨走廊，以大量得留白最大限度的将海景映入观者的眼中。原木的秋千打破了混凝土的单调，丰富了室内材料的同时，也增添了整体的趣味性，多了一丝玩味 ▶

室内的整体装饰简洁优雅，以白色作为基调主色，就像一个幕布衬托着窗外的景色。白色的格栅天棚搭配白色的射灯，既能够满足室内对于光源的需要，又能够使灯隐入无形。室内的整体布置处处体现着装饰、协调。增添了灵动性和设计感。石材花纹的地毯，完美的融合于混凝土中，温柔的划分了沙发休息区。通白一体的沙发有着最原始的朴实，让人忽略外表，只关注最原始的需求——舒适感。织物感灯罩的地灯同样的简洁线条，一定程度上有打破了僵化的感觉，带有一丝灵活俏皮。起居室的沙发、座椅摆放颇有讲究，利用多种材质、深浅颜色，形成了一个围合空间，重点突出。

▲ 利用具有张力的枯枝造型，沟通了周围环境，也增添了别样的禅境

▲ 简单的条状原木茶几具有温暖的体量感，而插着生动绿枝的蓝色透明花瓶，则平衡了厚实的茶几和简单的沙发

▲ 通白一体的沙发有着最原始的朴实

▲ 白色的墙柜、白色的沙发、白色的茶几、米白色的靠垫，混凝土的墙面和地面，处处体现着自然，用木质、藤编丰富室内空间的装饰材料，减少单调性，最后用绿植作为点缀，给这个空间带来一丝生机

▲ 藤编的圆毯上搭配白色的小圆几，采用同色系的绿植花盆，营造了一处活泼的空间，增添了空间的多样性和趣味性

▲ 藤编的靠椅，用白色织物编织作为靠背，搭配米白色的靠垫，颇有自然的气息

▲ 起居室视野开阔，大面积的玻璃窗将海景完整的呈现在居住者眼前

▲ 用餐区域的色调与沙发空间保持一致，在材料选择上也尽量相近。餐桌上的植物摆件与上空的枯枝装饰遥相呼应，打破了纯白空间带来的单调

▲ 新建筑内，利用大面积的玻璃，对室外的景色给予最大限度的保留，尽情欣赏壮观的日出、日落。同时也保证了室内空间的连续性，给人通透宽敞的感觉，心旷神怡

▲ 用隔板对墙壁进行划分，增加储物功能的同时，也给居住者对墙体进行二次创作的空间。户内采用木质门，来平衡混凝土墙面的冰冷感

▲ 两张皮椅搭配同色系的靠垫，放在临窗的位置，享受阳光的温暖

场地内，地形高低错落，海景风光如画。因此设计师更多的在思考，如何利用这种海景优势，将海景引入室内，使房间内的人能够多角度的欣赏壮阔的海景，而对房子的外观反倒没有那么多的执着。新的设计弥补了原有两栋老房子进深及开间尺寸较小的缺点，利用场地内仅有的一块空地，在老房子的东面建造了一个面向大海的空间，用钢筋混凝土作为主要的结构，除却过多的装饰，不仅保留了整个结构和空间的统一性，也能够抵御极端气候所带来的侵蚀。

从整体布局来看，两个老房子本身的"岁月感"又使它们与原有村庄自然融合，两个老房子被设计成卧室，坍塌屋顶的老厨房添上玻璃顶后改建为工作室，新建的钢筋混凝土"盒子"是两个老房子的联通。上坡的主人房和下坡的两间客房相对独立并各自拥有私人的庭院。用玻璃吊顶来填满坍塌的屋顶，大大提高了室内的采光度。同时配备的遮光帘不仅提高了实用性，也优化了使用感受。室内采用灰白色调，整体干净不落俗套，用藤编、蒲团和地毯、木质家具丰富室内的材料与内容，而高大绿植点缀则为空间注入生机。

▲ 卧室的设计风格，同样与整体建筑风格保持一致

浴室并没有与卧室分隔开，而是作为卧室的一部分构成了一种空间连续性。采用双台上盆满足了使用的功能需要，倒三角的形状，去除了洗手盆的笨重感，多了一份轻盈。曲线型的浴盆与直线型的洗手盆形成呼应，一刚一柔，观感即现。

卧室的设计风格，同样与整体建筑风格保持一致，尽量保留原有的自然气息。原木的穹顶、石材的墙面、打磨的混凝土地面，都透露着原始的韵味。整个空间分为洗浴区、休闲区及休息区域。房间内选材与客厅基本一致，利用原木家具来平衡大面积混凝土与玻璃

▲ 床的正对面运用了框景手法，做出方形大面积的玻璃窗，让人真正体验到睁眼即美景

▲ 曲线型的浴盆与直线型的洗手盆形成呼应，一刚一柔，观感即现

带来的冰冷感，利用洁白的陶瓷器具作为空间的点缀装饰。与地板颜色相近的织物地毯，不仅带来了柔软感也带来了温度。

▲ 卧室的一角，安置了一盏暖黄灯光的落地灯，一把造型别致的转椅，以及体态轻盈的圆几，营造出一种温馨惬意

▲ 双人大床，占据了卧室正中央的位置，两侧白色轻质分隔墙，弥补了床头所处位置私密性不足的问题。用木质床围作为床头，符合整体设计风格

▲ 白色的遮光帘，可以通过遮挡阳光来调节室内温度，美观又环保

▲ 造型简雅的灰色布艺沙发与白色方形茶几搭配，简约又有现代感。下方用织物地毯分割区域，保证了整体空间的和谐

▲ 利用石材镶嵌代替油画等装饰，别出新意，与空间的融合恰到好处

▲ 藤编的蒲团随意摆放在地上，方便人取用，颇有禅意

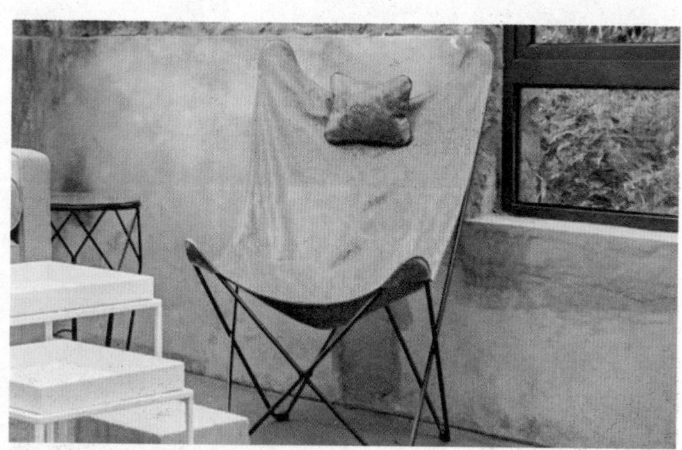

▲ 橙色的躺椅作为空间中的一抹亮色，增添了活泼

首层空间的屋顶由钢筋和玻璃构成，延伸了巨大的视觉空间，墙壁则由石材组成，地面由混凝土拼砌而成，将“裸露”元素利用的淋漓尽致 ▶

▲ 沿着这条入口小径，径直深入，就能看到新建的空间。从外观上看去，新建筑朴实得过于低调，甚至会让人忽略

▲ 户外平台上，预留了足够大的活动空间。大大的木条桌子为人们的多种活动提供了场所，也拉近了与自然景色的距离，尽情欣赏日落余晖

▲ 从一层的院落看向客房，老房子的石材外立面与内部空间的整体设计风格协调统一，延伸感强烈

▲ 钢筋混凝土的结构、简单的线条，体现了低调、简洁的风格。没有喧宾夺主，与优美的风景自然的融合在一起

04 维也纳客房

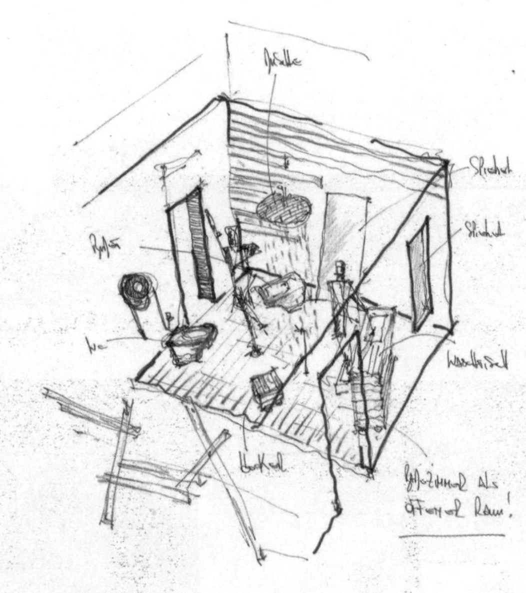

坐标：奥地利 威尼斯

维也纳客房

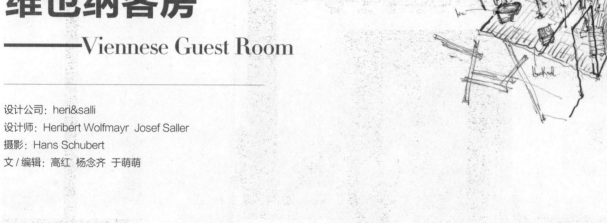

——Viennese Guest Room

设计公司：heri&salli
设计师：Heribert Wolfmayr Josef Saller
摄影：Hans Schubert
文 / 编辑：高红 杨念齐 于萌萌

对客房，我们都有很多了解和印象，有各种各样主题式的房间、有干净利索简约装修风格的房间、有装饰华丽欧式风格的房间……但是你一定没想过，一个只有一件家具的客房，那得是怎样的神奇又神秘呢？

Heri&Salli 建筑工作室就为维也纳的盖根堡醋酿酒厂设计了这样一个客房。他们在维也纳公寓楼的 5 间小公寓里建造客房，尽可能对房间进行小的干预。房间的中心正是“维也纳客床”，它通过设计选用木方堆叠，创造出一个多功能区域。中间是床的功能，周围则是其他用途，例如餐桌、沙发、摆放物品等等。这使“维也纳客床”基本具备一间客房没有的所有功能，由此，任何家具在此都是多余的。就浴室而言，比如四周暴露的水管在有意无意中形成了物品摆放处和花洒的设计。整个客房有门，玄关、浴室和卧室都是开敞式设计，又会借助墙体和物体进行隔断，将房间的设计思想贯彻到底。

这个客房实际上就是其自身框架和边界的纯粹再现，砖块、天花板、地板都被盖上，房子的历史脉络变得清晰可见。新的安装，如电缆、管道、链条或绳索，都不过是它们本身而已。“维也纳客床”虽然以一种解构的方法来设计，选用的却是最能给人复古感的木材。整体的设计就是要传达出一种科技为可视施工提供途径的“否定”思想。

裸露的硬质金属管道与橘色的柔软帘子形成鲜明对比。四条管道在终端处汇聚，形成了一个可放置洗浴用品的空间。锈迹斑斑的金属管道，具有历史年代感的管道阀门，以及黑色的出水软管，无不体现着那个年代的记忆，历史的年轮在这里停留。裸露钢管与木材的结合充分体现了将身边的“废物”利用到极致的表现，花费少又美观并且特别的环保。

对于整个房间而言，这件极大的家具是包含了沙发的功能的，人们可以随意落座 ▶

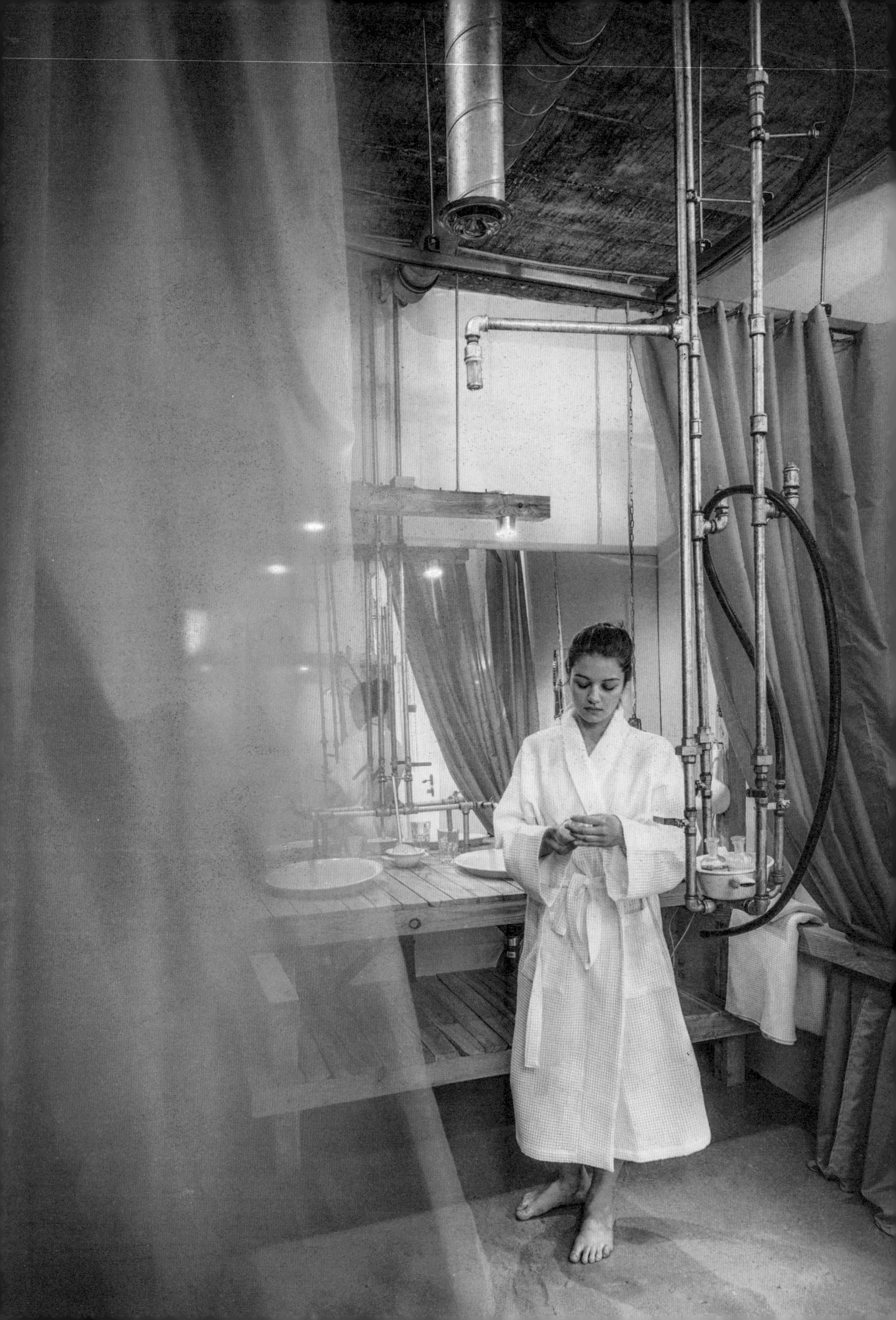

▲ 四条管道在终端处汇聚，形成了一个可放置洗浴用品的空间

▲ 裸露钢管与木材的结合充分体现了将身边的“废物”利用到极致的表现

木质结构的床板采用多功能的设计，集睡塌、床头柜、脚踏板于一身，设计新颖，让人眼前一亮，而且极具环保性。由此图便可看出这个房间中唯一家具的全貌。除去中央的睡眠区域，其他功能模块的作用亦可随房客的喜好而随意转换，这也体现了设计师简单就是复杂的设计理念，给房客更多的想象空间。

中央睡眠区域铺上被褥床单被子后，显得格外温馨，而木质材料更是体现出与大自然接触的美好感觉。曾经盛行一时的榻榻米，不也就是如此感觉吗。整间客房完美再现了极简的复古主义。从天花板垂落而下的缆线，驱动着灯泡微弱的光芒，连窗帘都是木条板拼接而成，似乎除了床铺，便找不到任何其他的软质物品。

◀ 美女穿着浴衣在卫生间洗漱，裸露的硬质金属管道与橘色的柔软帘子形成鲜明对比

▲ 木质结构的床板采用多功能的设计，集睡塌、床头柜、脚踏板于一身

▲ 功能模块的作用亦可随房客的喜好而随意转换

▲ 中央睡眠区域铺上被褥床单被子后，显得格外温馨

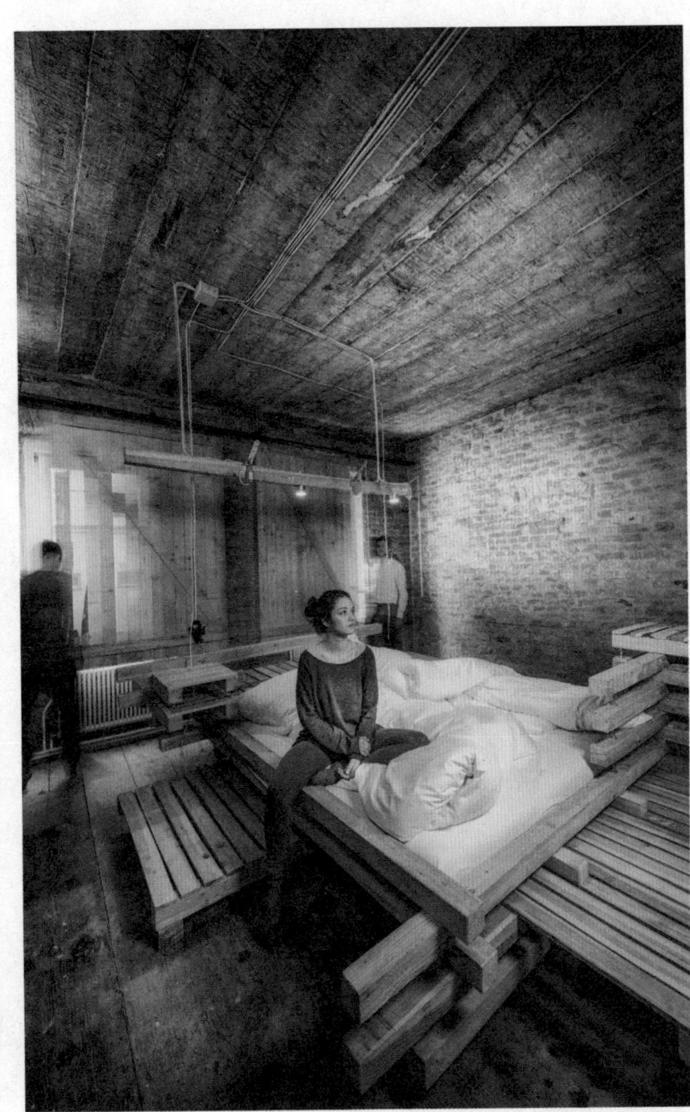

▲ 从天花板垂落而下的缆线，驱动着灯泡微弱的光芒，人物才是空间的重点

“炽热”、“忧郁”、“重金属”

“迷狂”、“包容”……

“裸露”的软装与餐厅和酒吧

从来没有违和感，

甚至说，从未分离过

7

餐厅及酒吧篇

——巧用“裸露”打造的餐厅和酒吧范例

RESTAURANT & BAR

■本章节从世界各国中精选了8个来自不同国家的餐厅和酒吧，分别介绍了各个国家对“裸露”元素的运用，如何将时尚潮流的酒吧布置得更具个性，如何将餐厅布置得更有就餐氛围，本章节详细展示了能够影响整体及细节的“裸露”设计因素。

01 BAO 餐厅

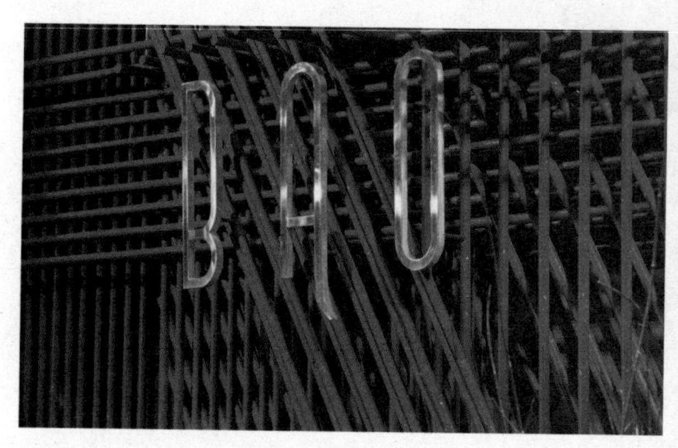

坐标：乌克兰，基辅

BAO 餐厅

设计师：Dmytro Bonesko
摄影师：Andrey Avdeenko
文 / 编辑：高红 吴雪梦

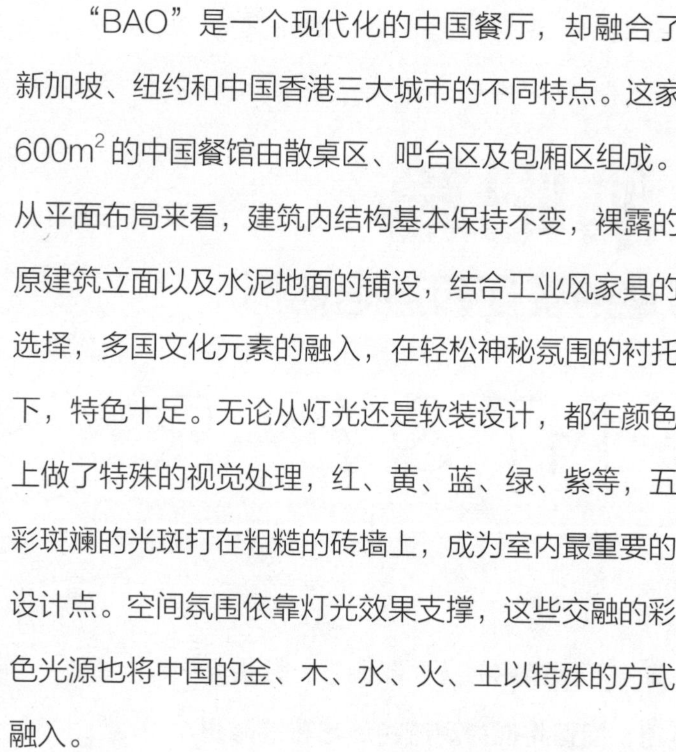

“BAO”是一个现代化的中国餐厅，却融合了新加坡、纽约和中国香港三大城市的不同特点。这家 $600m^2$ 的中国餐馆由散桌区、吧台区及包厢区组成。从平面布局来看，建筑内结构基本保持不变，裸露的原建筑立面以及水泥地面的铺设，结合工业风家具的选择，多国文化元素的融入，在轻松神秘氛围的衬托下，特色十足。无论从灯光还是软装设计，都在颜色上做了特殊的视觉处理，红、黄、蓝、绿、紫等，五彩斑斓的光斑打在粗糙的砖墙上，成为室内最重要的设计点。空间氛围依靠灯光效果支撑，这些交融的彩色光源也将中国的金、木、水、火、土以特殊的方式融入。

在这里，将古老传统与创新紧密相连。当顾客走进时就会感受到浓郁的亚洲气息，空间中的所有都是彼此关联的，整体布局与“风水”是相呼应的。而某些细节如陶瓷器皿、红色射灯、流水明火，则旨在向人们展示传统的中国风貌。

设计师将亚洲和美国的中餐厅作为新的设计指南，就是为了东西文化可以相互学习、发扬。尽管餐厅位于基辅这样一个不太有名的城市，但业主相信中餐早已被西方人所接受。当然，厨房也是备受瞩目的焦点所在。它是完全开放的，在餐厅的中心位置仅通过玻璃窗包围。无论顾客坐在哪里都可以看见厨房里的一举一动，真正做到让顾客放心。上千个装饰瓷砖象征着锦鲤，作为中国的传说，“鱼龙本是同种生，跃上龙门便成龙”。餐厅的那面墙就意味着龙门。这是一份好运的寓意。另一主要用餐区放置了一些舒适的桌子和壁炉，为的是让顾客放松身心。

在就席之前，顾客会也一扇雕花大门进入到洗手间。黄铜的材质是中国古老的用法，充满了东方的哲学意味。而铜制的花瓶设计又是十分新颖且具有创意的 ▶

▲ 简单的logo设计背后用大面的红色柱子穿插，形成最终的logo墙。红色在中国是吉祥喜庆的喻义。进入时，由于定向音响系统的设计，人们会听到一种来自东方的文化符号，那是与幸福、财富和繁荣有关的祝福

▲ 在用餐区，一个非常具有东欧特色的长木桌放在最显眼的位置，可用最多容纳 50 个人同时用餐。以竹林为灵感制作有中国风味的天花板，非规则的图案的天花和墙面的对称构建形成对比，体现东方文化的风水概念

▲ 乌克兰人总是习惯于坐在一张单独的桌子上与少量的几位一起用餐。相比之下，长桌更像国外的社交习惯让人们讨论交流所在

▲ 拱形的窗框是乌克兰的传统建筑形式，裸露的砖墙带我们走进传统的时空之中

▲ 二楼墙面上灯光映照着中国古代将领身上的铠甲片，可以从二楼俯瞰整个开放式的厨房和一楼的用餐区

▲ 黄铜材质的餐桌穿过玻璃直接和一楼的用餐区衔接起来

▲ 空间的墙体采用裸砖与金属的结合，配上斑斓的灯光，将室内渲染的具有东方神秘色彩

▲ 带状的灯光照在墙面，反射出的光线设计感十分强烈

▲ 灯光投射在黄铜上反射出明亮的光线，趣味十足且光影间似乎步入了神秘的国度

▲ 灯管细节的设计都采用铜色，统一了空间元素

▲ 这里的所有照明和大部分家具都是在乌克兰本地设计制造的，极简主义的风格与装饰感十足的餐厅融为一体，构成了一种复杂视觉效果

▲ 天花板上还安装了长条形金属棒，用以安装餐桌上方的灯饰

◀ 七张桌子通过黄铜拼接在一起，黄铜上的雕刻纹理那是东方哲学的吉祥象征。在桌子正上方的天花板上，人们可以看到空间的主要装饰元素

02 烤鱼概念餐厅

坐标：乌克兰，敖德萨

烤鱼概念餐厅
—— Pesce al Forno

设计公司：YOD 设计实验室
摄影师：Roman Kupriyan
文 / 编辑：高红 吴雪梦

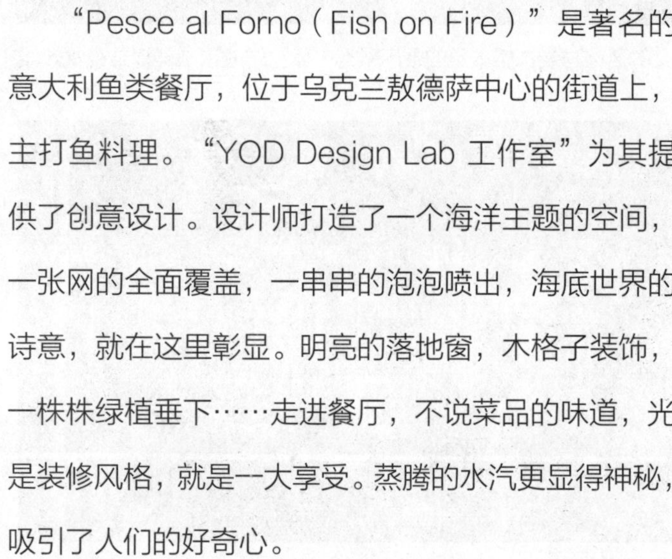

"Pesce al Forno（Fish on Fire）"是著名的意大利鱼类餐厅，位于乌克兰敖德萨中心的街道上，主打鱼料理。"YOD Design Lab 工作室"为其提供了创意设计。设计师打造了一个海洋主题的空间，一张网的全面覆盖，一串串的泡泡喷出，海底世界的诗意，就在这里彰显。明亮的落地窗，木格子装饰，一株株绿植垂下……走进餐厅，不说菜品的味道，光是装修风格，就是一大享受。蒸腾的水汽更显得神秘，吸引了人们的好奇心。

整个餐厅就像渔网"编织"一样，一楼整个天花板都是绳索的编织。而店内的装潢更是切中主题，墙壁被设计成鱼鳞的形状，与设计主题呼应，金属铜质更有气氛。墙壁上的鱼鳞、天花板上编制的渔网，最有意境的当属悬挂着的玻璃灯，就像是一个个梦幻的气泡，飘浮在空中。装饰中使用的材料也是经过热处理的：地板被热处理的木材覆盖，墙壁被不同的梯度铜鳞烧制，台面由石头和热处理的地块制成。

二楼的吊灯呈水滴状，有趣又有动感，个性十足。室内的灯光设计也很别出心裁，闪亮的光线如同光从水下折射的感觉，影影绰绰的，增添了几分海底韵味。

灯光仿佛深海中透出的一缕光线，使人如身处"水下"。这里是一个酒吧餐厅，墙壁和大型长圆形泡沫式灯具的腐蚀效应在这里产生了更多的特殊效果和室内气氛。壁灯选用也是设计感十足的，灯光打在墙上就像是魔法神杖一般。整个玻璃的外形，采光上的设计，给用餐者增添了心情上的愉悦。

▲ 天花板运用渔网元素，以绳索编织出了一个渔网状的海底喷泉，中间则悬挂着圆形玻璃灯

▲ 一楼的概念是从覆盖天花板的绳索中形成一个大比例的编织装置。屋内色调似黑棕色为主，而金属色的墙壁又为空间增添了一股海底渔船的气息

▲ 灯泡的设计灵感是来自于水滴，配合海洋世界的设计主题，既个性又魔幻

▲ 火炉整体铺成鱼鳞状的金属材质，充满个性与神秘

▲ 流畅的曲线、雅致的色彩、精巧的摆放，餐桌椅的软装设计总是一脉相承的，木纹机理配以浅色大理石，营造出空间的简约典雅

大理石灰的墙面配合简易的竖向线条分割，营造出美学的平衡。宽敞的窗户与玻璃质的隔断，丰富空间灵活性，也增加了室内的采光效果

▲ 各种形状大小的吊灯就像是在水中的气泡餐厅的名字一般，其的意大利语是“火上的鱼”之意，与餐厅的火炉烤鱼相得益彰。柜子上摆放的绿植仿若海底珊瑚般缠绕在架子上

置身于开放式的厨房，顾客仿佛有种被头顶渔网捕获的错觉，就餐体验十分有趣 ▶

▲ 洗手区的设计十分贴切主题，高低不同的洗手台，趣味的烟笼灯，使整个空间营造出朦胧的海底美。工业风的支架配合的木地板及精致的灯具，让客人在个性十足的空间里依然舒适自在

▲ 优美的弧线灯具配合灵活变动的烟，萦绕出神秘悠远的意味，似乎海底的世界向你开了一处入口，引你深究

▲ 工业风的镜子干净利落，装饰墙面空间的同时，也增加了空间进深

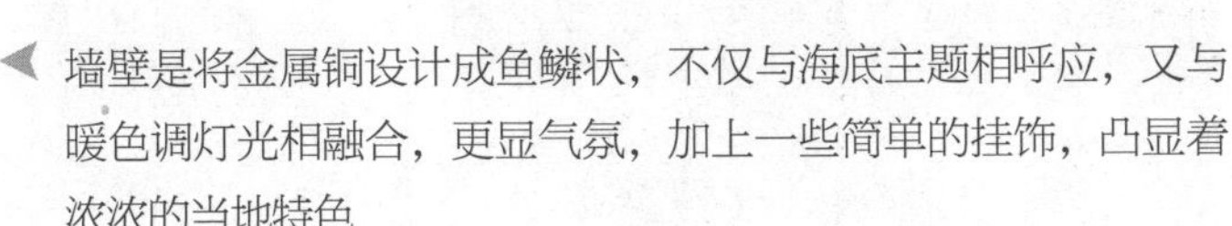

◀ 墙壁是将金属铜设计成鱼鳞状，不仅与海底主题相呼应，又与暖色调灯光相融合，更显气氛，加上一些简单的挂饰，凸显着浓浓的当地特色

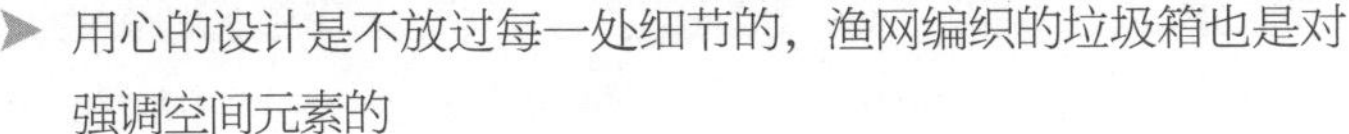

▶ 用心的设计是不放过每一处细节的，渔网编织的垃圾箱也是对强调空间元素的

▲ 水滴状的灯透露着影影绰绰的光是二楼的一大亮点随着灯光的折射，仿佛置身海底就餐般，梦幻十足

▲ 形状不一的气泡灯仿佛一个个海底精灵般，在空间中飘荡，光线下的玻璃又营造出一种柔和的流动视觉感

▲ 全木质的吧台椅配合大量的玻璃器皿，仿佛深海中透出了一缕光线放大了身处“水下”的印象

▲ 壁灯的选用也是十分具有设计感的，灯光打在墙上就像是魔法神杖一般

▲ 木质桌虽然没有金属和大理石餐桌般的坚固，但它温和且让人放松

03 格鲁吉亚餐厅

坐标：乌克兰，第聂伯罗

格鲁吉亚餐厅
——Puri Chveni

设计公司：YOD design lab
摄影师：Andrey Avdeenko
文 / 编辑：高红 吴雪梦

正如意识形态学家所说，“现代格鲁吉亚美食的餐厅，保护了几百年的传统”。格鲁吉亚不仅美食颇具盛名，而且还以热情好客在国际出名。“我们的面包”中的“Puri Chveni”这个名字象征着善意，因为在格鲁吉亚，面包就是好客的象征。

格鲁吉亚是世界葡萄酒的发源地，据 1965 年前苏联对格鲁吉亚出土的 10 粒葡萄籽的考古研究发现：这是距今 7000-8000 年前人工栽培的 vitis vinifera sativa D.C 品种葡萄，这是人类历史上最古老的品种！由此证明了格鲁吉亚是世界葡萄酒的起源。葡萄酒对于格鲁吉亚人就像茶之于中国人一样，在历史的长河中与人们生活难解难分。在现今的世界，家家都自酿葡萄酒得恐怕只有格鲁吉亚人了，可见其酒文化的源远流长。国家民众公认格鲁吉亚葡萄酒是世界最好的、最纯的酒，居然不是法国红酒也是着实令人意外的。

餐厅有两层楼：一楼和地下室。一楼是坦多尔，是格鲁吉亚美食的组成部分。格鲁吉亚人以不同的形式烹饪着面包。

内部装饰风格以棕色和砖红色为主色调，木地板用作墙面铺装，舒适的餐桌，临窗的一边挂着一盏盏黑色的照明灯，温暖又酷劲十足 ➤

ერთად

▲ 餐厅一楼内部装饰风格比较偏中性，以棕色和砖红色为主色调。整齐的木材墙面、一排排舒适的餐桌，天花板上排列着的吊灯丰富着整个空间层次

▲ 在乔治亚时期的氛围里就餐，一层为餐厅，地下则是酒窖改造而成，如同地下酒吧般，神秘不已

▲ 质朴红砖砌成的酒架既分割就餐空间，又增加了空间的使用功能

▲ 半开敞的厨房让游客可以欣赏到厨师娴熟的制作过程，并与其交流，互动性极强。铁艺圈出的灯则成为了餐厅中层空间的重点

▲ 暖黄色的光被黑色铁艺灯具包围，光线透出，充满了浪漫感，也为餐厅增添艺术气息

▲ 一根灯线就缠绕出客人在餐厅就餐的景象，生动别致，趣味十足

▲ 铁艺隔断构建出较安静的私密空间，长桌的设计迎合了聚餐的需求

▲ 铁质的不规则设计增添了空间的动感和层次

▲ 仿葡萄藤的灯具呼应了主题，同时也营造出葡萄田的景色

▲ 店面 logo 是葡萄树的简形设计，美感十足

◀ 灰色的墙面提亮了室内色彩，而设计中的重点建筑元素——红砖，配合铁艺架子，通过运行的空间长度和使用范围的水平变化烘托了餐厅氛围

◀ 吧台附近放置两个巨大的酒桶，这样的装饰不仅体现了餐厅的经营项目，也装饰了空间，与整体互为影响

▲ 统一元素顺着穹顶渐渐变少，如同葡萄藤蔓越爬越高，仿生性极强

▲ 旧的酿酒桶得以保留并充当着备餐台，透着一股拙朴的美感

04 葡萄酒酒吧

坐标：乌克兰，基辅

葡萄酒酒吧
——Wine Bar

设计公司：YOD design lab
摄影师：Roman Kupriyan
文 / 编辑：高红 吴雪梦

Wine Bar 是一种新形式的葡萄酒酒吧，旨在推广乌克兰葡萄酒的消费文化。在这里客人可随时接触到葡萄酒并可以有独特空间边喝酒边聊天。

该建筑位于基辅市中心，在 1812 年建造的古老 Podil 中。乌克兰葡萄栽培和酿酒历史悠久，在北部的基辅和切尔尼格夫 11 世纪就已经开始葡萄酒酿造了。基辅市作为乌克兰的经济、文化、政治中心，保留着大量的旧街道格局，拥有大部分的历史建筑包括以壁画闻名的索菲亚大教堂等。该建筑是当时最好的传统建筑之一。设计师的哲学是瓶子的形状并不比它的内容更为重要。鉴于“wine bar”在一座有着 200 年历史的建筑中，原来的砖制拱顶形式被保留下来，没有任何其他装饰。因此，这就成了“一个自给自足的、充满趣味的小酒窖”。在酒吧内部设计师使用了天然材料，其中的每块砖石都是在 1812 年的房子基础下铺设的。所有的木器也都是由 1 万升容量的酒桶制成，保留着波尔多葡萄酒的气息。桌子、侍者的工作场所、浴室门和酒吧柜都是用这些有着 90 年历史的橡木桶制成，经由木工车间的加工获得了新的生命和外观。酒吧大厅的“包间”是一个直径为2000毫米的大圆桌，最多可容纳 10 人，桶头（桶的容量为 1 万升）变成桌子，在上面依然保存着序列号和油漆的痕迹。

室内空间色调统一，保留了原建筑的砖体墙面，使得整个空间别具一番复古韵味，似乎葡萄酒的香味也弥漫于空间中。各色的液体加上灯光的映射，令空间变得美丽多姿

▲ 酒吧的家具、陈列、灯具等等无不透露着深沉内敛的味道，似乎能嗅到陈酿的浓香。吧台椅的线条流畅圆润，给人以轻松、雅致之感。酒杯与灯管的结合，形成了一个吊灯空间，赋予空间更多的自由灵魂

▲ 用过的酒瓶作为最好的装饰来展现空间的独特韵味

▲ 绿植缠绕的铁艺灯具使空间弥漫出葡萄的清香质朴，裸露管道的反光材质给空间添加了一份自由洒脱

▲ 也酒桶改造而成的置物台将空间层次分割得很是丰富

▲ 用过的酒瓶作为最好的装饰来展现空间的独特韵味

▲ 绿植缠绕的铁艺灯具使空间弥漫出葡萄的清香质朴，裸露管道的反光材质给空间添加了一份自由洒脱

▲ 也酒桶改造而成的置物台将空间层次分割得很是丰富

▲ 玻璃墙体垂直分割空间，通透性的形式令人们既享受到了大空间的共融性，也拥有了小空间的感受。桌椅在油漆饰面上更强调材质的本色，营造一种返璞归真之感

▲ 筒灯的使用不占据空间，又减轻了空间的压迫感，营造出温馨的氛围

操作区的设计采用经典的“L”形，美观且舒适 ▶

木质花艺点缀空间，丰富空间层次又呈现出温暖的视觉效果

创意十足的筒灯垂吊下来，增加了空间的柔和气氛，也保持了建筑装饰的整体性

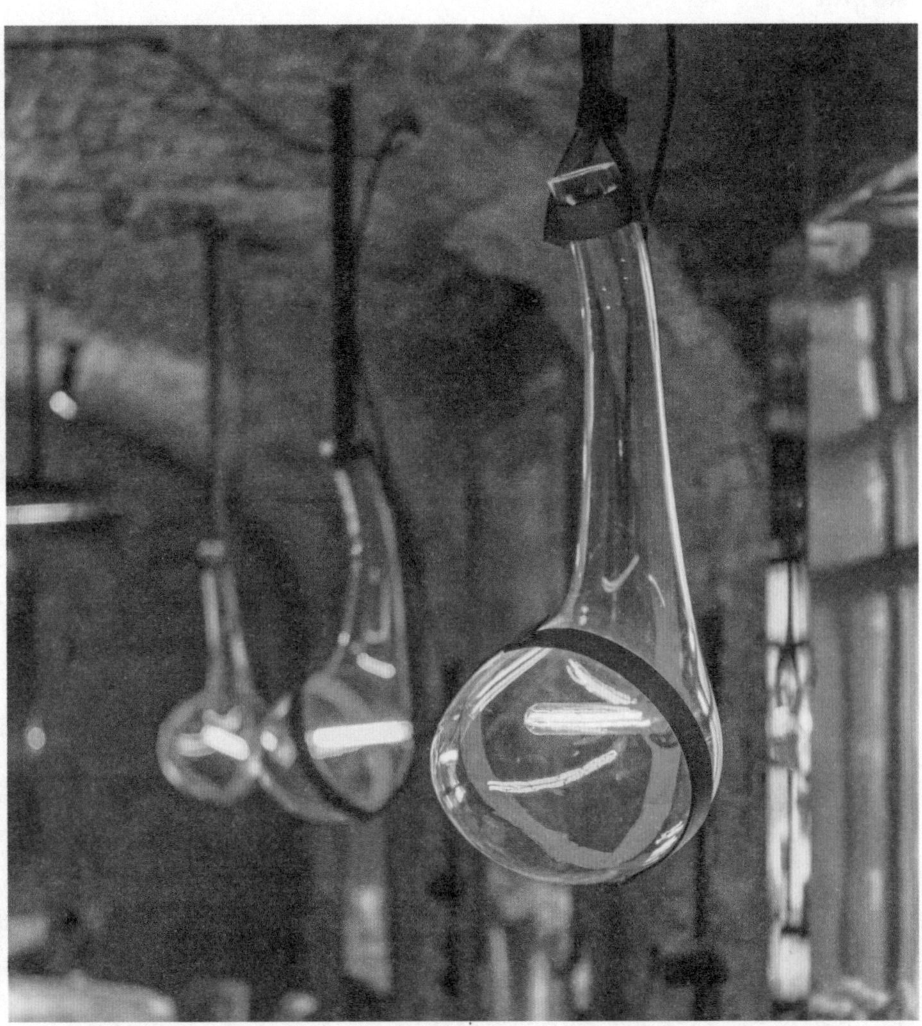

▲ 设计感十足的灯具丰富了空间内容

◀ 空间充斥的所有元素都极为妥帖，原木、金属、皮艺、水泥、玻璃、裸砖等。将“裸露”的影响因素发挥到极致

▲ 简洁的曲线、沉稳舒适的体感，时尚且颇具品味，质感强烈的深色皮质为空间注入端庄雅致的气息

▲ 铁艺与皮质相结合，时尚耐用且美观

▲ 室内一角的花艺给空间注入了大自然的勃勃生机，补充色彩又达到美化空间的作用

05 "种" 餐厅

坐标：中国，北京

"种" 餐厅
——北京方家胡同12号野友趣

设计师：潘飞、王植
设计公司：Robot 3 工作室
摄影：Robot 3 工作室
文：张春夏
编辑：高红　林梓琪

朋友是个资深驴友，最喜攀登雪山，穿越沙漠。平时则在北京经营着一家业内知名的户外装备店。2016 年底，他委托我们将方家胡同的一处老房改造成一个俱乐部。初衷很简单，就是希望这里有音乐、啤酒和远方。

老房子原来是个烧烤店，房东把整个院子拆建成了一个砖混结构的大屋，屋内比相邻的杂院更显出一股非同一般的力量。

我们只是访客，想做的是从当下胡同里生长出来的东西。春天动工，夏天完工。没有预设想法，每天和工匠们一起边想边干，在建造中做出本能的反应。虽经常前后矛盾，但也只有这样才能避开过去经验和思维惯性的束缚，与房子慢慢调整至同一个频率，这或许就是一种生长中的状态吧。

北京的老城区包容混杂，没有建筑师的玄妙理念，只有最朴实的愿景，不分新旧中西，只要喜欢，拿来就用。

万家灯火，庭院深深。北京老城区是充满活力，豆汁卤煮，绿树白鸽，这里并没有衰落，反而是一片生机盎然。

春夏之交"拆墙打洞"席卷而来。封堵的红砖像爬山虎一样从临近的胡同一间间房子啃过来。改造过的建筑二层被拆了重做，原有的露台棚顶被拆掉，门面被堵上了，使在建筑侧墙上硬是开出个门，又在封堵门面的砖墙上挂上一块大黑板，在红砖上涂抹出七七八八的颜色，街坊邻居倒是喜欢。开业不久后彩砖被抹上了灰色的水泥。

金属的桌腿更加耐用，与悬挂的麻绳共同塑造了空间的自然气息。无饰的水泥地面、符合人体工程学的椅子、实木桌面、简约的照明灯，一切都带着浓浓的工业气息，天花板上的金属反光板自然地利用光线，达成良好的照明效果。

设计者说："我们在这里埋下一颗种子，它破土而出，顽强地生长着。"

无饰的水泥地面、符合人体工程学的椅子、实木桌面、简约的照明灯，一切都带着浓浓的工业气息，天花板上的金属反光板自然地利用光线，达成良好的照明效果 ➤

▲ 工业风的高脚圆凳、不做装饰的水泥墙面和对面的彩色砖墙相互冲击。新与旧的混合总是十分有趣，他们可以相互衬托

▲ 房间的平衡感是十分重要的，它体现了房间质感、颜色和材质的综合运用。木色的整体性掌控着房间的平衡度，即使座椅各异，但依旧是和谐统一的

▲ 重复的木材墙面，空间被提升至一个冥想境界。昏暗灯光下，视觉、触觉、味觉也更加灵敏。木质、钢材、砖的完美组合，探索着对不同元素的回应。侧光带增强了气氛，统一的灰度将不同的质感和各式家具、配件联系在一起

▲ 楼梯下，没有过多装饰的自然水泥墙面和砖墙相互呼应，搭配墙上的绿植与木色的楼梯，让沉稳和温馨在室内并存且得到升华

▲ 公共空间和情绪的体验密切相关，使用偏暗的光线，砖块的凹凸质感被突出。这种照明在呼应了室内布局的同时，让房间的特征和细节变得更为鲜明

▲ 透明的质感、透明的玻璃、透明的窗帘，材质不同却都传递光着。光线照在绿植上，若隐若现的线条打破了环境的横平竖直

▲ 大采光的窗户，让光线更好地进入室内。金属和木材的搭配，绿色自然且坚固耐劳，这边大大提高了实用的功能。典雅与休闲在丝丝流动的气息中引人入胜

▲ 整个空间以线条为主，天花板上的、窗前架子的、桌椅的……重重的横竖交错中透露着光芒，空间显得明亮又和谐，这是刚与柔的碰撞

▲ 天花板使用反光的金属材质，凸显个性又贴近生活。波浪的纹理柔化了反射光线，合理且自然

▲ 简约的高脚圆椅勾勒出复古工业风格的效果。流行元素重新组合配合简约的造型，以人为本又个性化

▲ 金属的框架，高质量的铁杉制作的架子，几何网格的构建是如此和谐统一

没有使用传统意义上的门窗，而是在墙上开出几何形凿口，生动了空间，小窗口的采光让光线更具方向感，也营造出其不意的效果

绿色墙面上的手绘地图，增添了房间的趣味性和生活气息。纹理深刻的实木桌面自带着一份沧桑感

这里不仅是一家餐厅，还是音乐的分享地，不仅考虑的大人们的就餐需要，也考虑了孩子的玩耍乐趣

▲ 在彩色的背景砖墙中，鸭蛋青、石灰白、铜绿、皮革棕等颜色与红色的砖面交错穿插。在较为昏暗的橙色光线下再现了一种统一感。此外，椅子的重量感与木桌的简洁感也是搭配适宜的

06 小镇派对餐厅

坐标：中国，广东

小镇派对餐厅
——赛牛炙烧牛排旗舰店

设计师：何晓平 李星霖
设计公司：C.DD| 尺道设计事务所
摄影师：欧阳云
文 / 编辑：高红 吴雪梦

在热闹繁华的大都市里隐藏着一个远离城市喧嚣的异国小镇——赛牛炙烧牛排店。

追随牛排的缥缈香味，顾客可以轻易地找到小镇的入口。在这里，顾客可以体验牛排烹饪带来的美味与乐趣。设计师以小屋概念巧妙地将空间划分，大大小小的“庭院”依偎在小屋周围，而露台则穿插其中。顺着香味来到小镇入口的顾客，在庭院和露台的引领下又继续深入异国小镇，不知不觉来到了我们的美食派对所在地——小屋。在这似分非分、似合非合的围合空间下，设计师巧妙的消解了室内外的距离感。小屋门洞和侧窗的圆弧造型为“小镇”增添了几分异国情调，顾客可以自由穿梭游玩。

穿过花园来到走廊的尽头，这里就是小镇的后花园。绿色植物墙为空间增添了丝丝绿意，生气盎然，犹如置身于大自然中。空间的流线设计和功能分区十分明确。顺着入口，依次经过收银区、等候区，厨房的明档让顾客可以清晰观察鲜美的食物。自助区和就餐区相近，便于顾客选材就餐。同时设立私密的就餐区以供不同客户群体的需求。

设计师在软装搭配上融入了绿植，使顾客从表面的艺术形态中超脱出来，远离都市的喧嚣，让生活回归质朴、舒适和宁静。这里不再是单纯的用餐空间，而是人们休闲娱乐、分享喜悦的互动空间。用最质朴的设计元素、简约而不简单的设计手法，打造出一处最为精致温馨的餐厅设计，为顾客创建一个令人难忘的就餐空间。当然，这些极具审美的艺术搭配也为餐厅品牌增添了许多不凡的品位。

➤ 精美的软装搭配也体现了对细节的关注，软装所采用的大理石、皮革、木材共同打造出历史的品质感

THE
100%
B12

Welcome to

▲ 开放和围合其实是一个矛盾的结合体。设计师用极其简单的线条勾勒出最具灵性的空间划分，最大限度地满足了顾客就餐需求

▲ 粉色的牛作为店铺标识被放在服务台旁边，醒目又趣味十足

RACE
STEAKHOUSE
RACE
STEAK HOUSE

▲ 小屋门洞和侧窗的圆弧造型为“小镇”增添了几分异国情调，红砖白墙中的走廊好似乡间的林荫过道，往返穿梭，自由自在

▲ 顺着台阶向下的转折处设计了一个就餐平台，新颖独特。绿植的墙面令空间不显拥挤烦闷，且反增灵动清新

◀ 白色大理石的桌面搭配整洁利落的椅子营造出干净、明亮的就餐环境。而球形吊灯丰富空间层次的同时地增加空间的可视感

▲ 设计师在材质的选择上极具考究。白墙、暖木、皮革等不同材质的碰撞，使空间富有质感

RACE

以钢制框架分割不同的就餐区域，一二层的适当留空设计不但确保了开放空间的视觉体验，还保证了用餐的隐私性。除此之外，灵动可爱的墙绘也让整个空间充满了艺术气息，给予客人热闹有趣的用餐感受

以黑色座椅、棚顶、围栏隔断搭配白色的墙，使空间干净利落、井然有序

手工编织的盛放用具搭配绿植点缀，在空间上层自然质朴

▲ 绿色植物铺满整面墙体，在灯管的照射下清新自然。在这里，就餐格外令人享受

▲ 灯具设计新颖灵动，玻璃的材质令空间瞬间轻盈起来

▲ 在细节处体现设计，花艺和田野植物的摆放营造出温暖、质朴的气息

▲ 餐桌正对着绿植，为顾客用餐营造了一种置身户外的感觉

07 邻家时光餐厅

坐标：加拿大，魁北克

邻家时光餐厅
——加拿大Le Voisin餐厅

设计师：Atelier Filz
设计公司： Filz 工作室
摄影师：Sam St-Onge
文 / 编辑：高红 杨念齐 于萌萌

互联网时代，人与人之间变得越来越陌生，每个人也变得越来越孤独。有时候，我们也开始怀念那些走家串户闲聊家常的时光，渴望温暖的光能照耀冷清的心房。“Le Voisin 餐厅”设计团队就抱着这样的想法，甄选一个温馨轻松的时刻，于是“Le Voisin 餐厅”就这样诞生了。

为了体现餐厅甄选当地时蔬和红酒的特点，以及契合营造温暖、温馨、温和环境的需求，设计师在整体布局上改变了原有房屋的安排，在整个平面空间的中心处设立了一个酒吧。围合的吧台中间是一个厨师和客人们亲密接触的空间，又通过不同的桌椅排布和巧妙的隔断区分出各式的功能分区。设计师添加窗口墙创造一个更为方便的入口，以便光线的进入与顾客的方向引导。这个空间既是入口，又是一个空间分隔，帮助我们构造其他区域。配合中间的“酒吧”设计，一个强大磁场般的存在，吸引着每个人的目光。

在装修上，保持并打理了砖墙，并保留一些旧的褪色标志，这是属于以前的餐厅痕迹。此处还保留了木地板，当然还有那些正好位于空间中央的横梁。窗户旁安放一些架子，这样客人可以存放一些个人的东西或摆放植物。餐厅的整体被设计成为一个非常自然的色彩和材料的“调色板”，由枫木、陶瓷、奶油色调、砖和玻璃组成。陶瓷灯具则是设计师通过数字设计而成，然后借助 3D 打印出，每个都有独特的手工釉面。设计团队与当地有名的木工合作，共同完成了许多非常复杂的细节，比如酒吧皇冠上的洞和凹槽，使定制的陶瓷灯穿过，就像一个柔软的视觉屏幕。

该项目的地方特色加上根植于当地知识的设计方法，定义了空间的实质性。

餐厅以石板、手工陶艺和淡棕色调装饰，整体回应着当地的特色风格。围绕于吧台旁的座席，座椅都相应抬高尺度，打造出柔和舒适的氛围

枫木制作的桌面，葡萄酒展示架，设计师们通力合作，完美地完成了对细节的雕琢，如吧台上部的孔洞和凹槽等。设计团队把椅子、桌子和灯光的设计与城市的工匠们一起打理，创造出一个可以与你的邻居共度美好时光的故事。

所有人都见证了这个地方的友好，以一种根植于区域的技术方法，定义了空间的重要性。吧台光滑的圆角，给这个地方也带来了更自然的感觉。

▲ 灯饰为 3D 打印的陶瓷灯

◀ 此为吧台的一角。精致透亮的玻璃杯，摆放整齐的餐具、座椅沙发，无不体现着主人对餐厅的喜爱与认真

▲ 红砖墙在设计上得以保留，凹凸不平的墙面诉说着时光的记忆

设计师们想要模仿客户的饮食方式，以期可以用在地资源来建造一切，形成了非常自然的色彩和材质，靠墙部位放置的是长沙发，另一侧则是整个餐厅的通用椅子，椅子的设计别具用心。此处的灯饰是另一种风格，显出高端大气却又不失格调，温馨可爱，陶艺设计也别具特色。餐桌上的绿植摆放也是符合当地的时令与特色的，体现了主人对当地农业生态系统的强烈依恋。

▲ 为了营造更加舒适的用餐环境，椅子的设计更具现代化，也更加符合人体工学。整体设计依然是淡棕色调与木质靠背，但座椅与靠背则均采用柔软舒适的材质

▲ 地砖采用见方的瓷砖铺砌而成，具有指示标志的标识则是由不同颜色的瓷砖拼凑而成，设计感十足

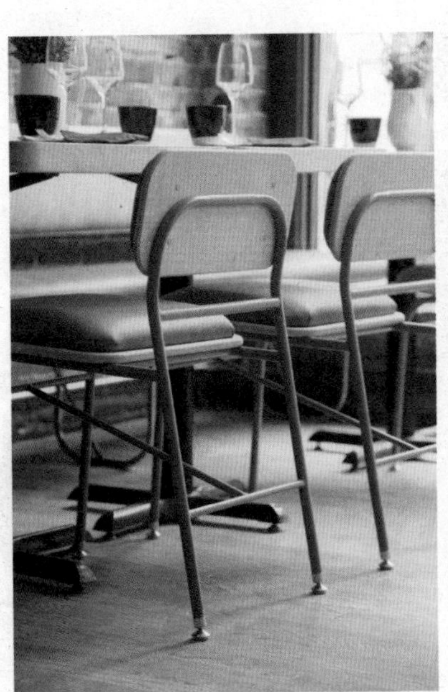

▲ 椅子腿的设计也颇有现代感，极细的腿部线条，下部突出的圆锥形小垫，准确的角度设计让整个椅子更加舒适，虽纤细却更加稳固

◀ 靠墙部位放置的是长沙发，另一侧则是整个餐厅的通用椅子。此处的灯饰是另一种风格，显出高端大气却又不失格调，小巧的绿植桌饰，温馨可爱，陶艺设计也别具特色

温暖的午后，靠近落地窗的双人桌，独自一人或与知心好友，边喝下午茶，边欣赏着外部的美丽风景，车水马龙，又是另一番感慨。窗户上的垂落绿植，搭配内部复古的红色砖墙，温馨且宁静

▲ 此处的长条形桌子为公共餐桌，可供多人聚餐使用，相熟的，不熟的，皆可。桌上摆放着的则是陶瓷的碗和玻璃酒杯。而此处的灯光设计则是直接悬挂小灯泡，九个小灯泡并排悬挂于一处，简约而明亮

08 铁皮屋串吧

坐标：中国，北京

铁皮屋串吧
——Lucky

设计师：潘飞 王植
设计公司：Robot 3 工作室
摄影师：邓熙勋
文 / 编辑：高红 吴雪梦

北京的每一条环线都是一个粗略的阶层划分。每一领地都具有稳定的层级结构和复杂编码。而设计就是一种绕过围墙、破解编码的手段。本设计位于北京北五环外，店铺内只有 52m^2（不含厨房），空间狭小，设计预算也不富余。居住在此地的有不少是早出晚归的上班族。晚高峰过后，这块区域迅速攒聚人气，而烧烤店则是这里夜文化中不可分割的一部分，因而设计师将拉面馆改造为烧烤店。

店铺的设计理论是时空虫洞。由爱因斯坦提出、纳森·罗森完善的虫洞是连接两个遥远时空的多维空间隧道，恰似霍营的边缘与三里屯的中心，相对存在。没有边缘就没有中心。设计师在城市时空中设计出一个虫洞使边缘与中心重叠。人们从工作到生活的心理转变，并不能像拨动开关一样迅速切换，即使回到家后可能仍未脱离工作状态。因此，设计师将铁皮屋做成一个心理切换器。蹲坐是人类野餐时的本能姿势，这种"非正式"的用餐姿势，让人放松，进而拉近用餐者间的关系。蹲坐的视角给予用餐者看到平时忽视的"低维度"世界。设计时在收银台的柜台上放置一颗真树，几盏水泥灯从管道交错的天花板上挂下，不锈钢矮桌和低矮的小马扎整齐地摆放着。这个仅 52m^2 空间的所有又都被带波纹的镀锌铁皮墙包裹其中。

设计整体带有一种金属风，相较于周围那些使用木制桌椅、皮质沙发、简单漆墙的店铺而言，格外亮眼。在两位设计师看来，这样的设计在地处北京 " 边缘地带 " 的回龙观，既然会有一种来自三里屯的 " 时尚感 "，以及在野外郊游时才能找寻到的原始就餐感。

▶ 低矮的桌凳设计搭配上那棵 " 真树 "， 能让人们想起户外野炊时的感觉 。从错综复杂的管道上垂下的水泥灯增加了空间的中部层次，使其纵深感增强。这种直线形的交通流线把空间塑造得整洁大方

▲ 当室内只亮起树冠顶上的那盏灯时，地面上就会出现斑驳的树影。于其间，坐着马扎，吃着串儿，儿时的记忆被瞬时唤醒

▲ 将真树放室内的设计是十分新颖独特的。既可以作为分割用餐空间和服务空间的软性隔断，又能够增强景观的趣味性

▲ 铁皮焊接出的花架点缀于空间，每一个小细节上都足以显示设计者的用心

▲ 墙体的铁皮铺设采用立面层次的断面设计，配以白色灯光的照射，丰富了空间尺度。天花板上的管道直接裸露，与地面的米色地板相呼应，塑造出一个利落的烧烤空间

▲ 在餐厅的尾部，用塑料软帘围出了一个包房，里面挂超华丽的 " 水晶灯 "，再用高脚凳搭配高木桌，一种 " 浪漫、柔软 " 的感觉呼之欲出。软塑料的材质将整体空间从传统的硬墙上分离出来，半透明的视线让此处别具一格

▲ 天花板与墙面融为一体，所有光线从刻意拉低的天花板上散射下来，不仅使铁艺变得温柔，也使墙面变得“波涛汹涌”

▲ 洗手台同样用塑料软帘遮挡，空间的隐私性得到保证，同时空间也没变狭小。圆形镜面似一轮圆月挂于室内一隅，静谧悠远

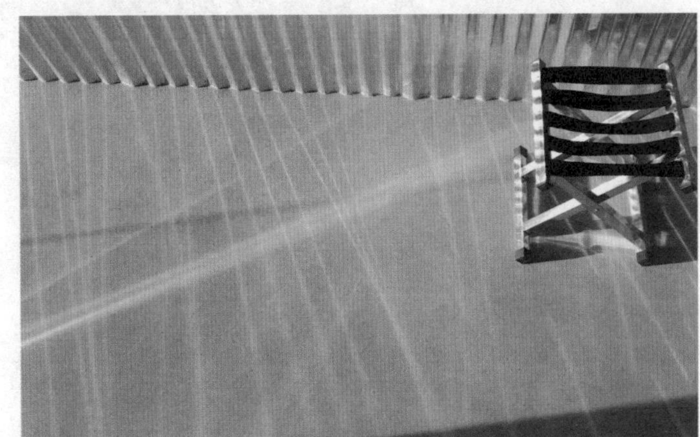

▲ 带波纹的铁皮墙泛着银光，配合铁艺小马扎，野性十足。而当室内光线发生变化时，" 冰冷 " 的铁皮表面又可以利用暖色光源，将一切变得温暖

“理性”、“艺术”、“格调”、“经济”……
看“裸露”的软如何为办公空间
加创意、减成本，
如何彰显企业的特别形象？

8

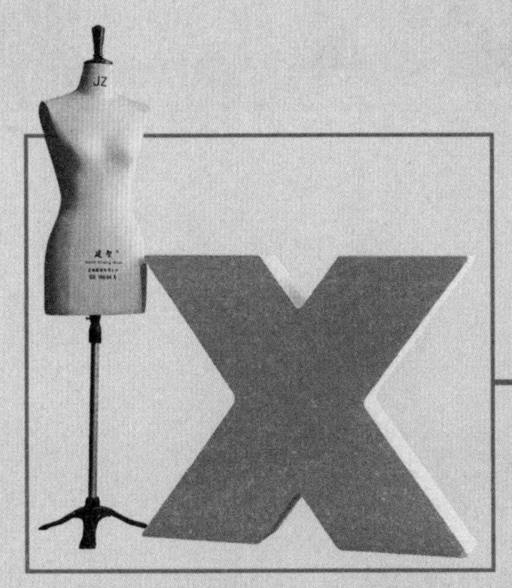

办公空间篇

——巧用“裸露”打造的办公空间范例

OFFICE

■本章节选取中国的两个办公空间分别介绍了关于“裸露”元素的运用，如何将办公空间打造成既有自己设计特点又不失时尚的空间，本章节详细展示了能够影响整体及细节的“裸露”设计因素。

01 Blue Space 办公室

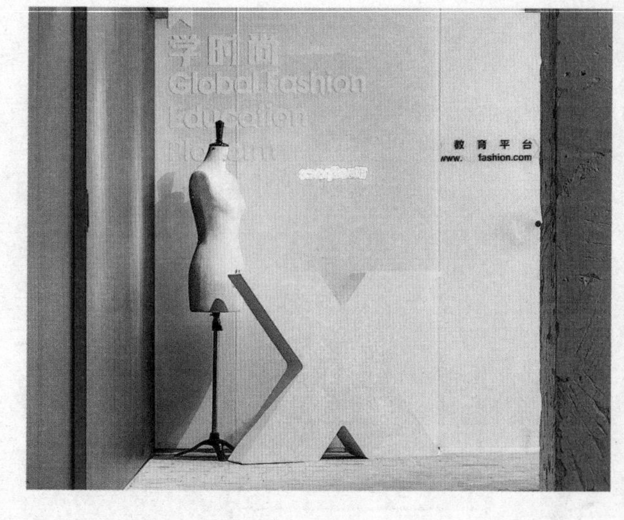

坐标：中国，广州

Blue Space 办公室

——时尚的清贫

设计师：李宝龙，陈小虎
设计公司：Bloom Design 绽放设计
摄影师：何远声
文 / 编辑：高红 于萌萌 杨念齐

时尚的本质到底是什么？ 华丽或复古？现代或未来？每个人的心中或许都有不同的答案。但有这样一群人，他们孜孜不倦地探索，追逐着属于自己内心深处的“时尚”。位于广州的“Blue Space”是一间中国领先的时尚品牌企划机构。“Blue Space”倡导自由、开放，追求返璞归真的精神状态。室内设计团队自接到“Blue Space”的房屋改造委托后，就构思着要把客户的企业精神注入其中，让品牌理念和装修风格达到融合。

在空间主体结构上，设计师没有做大幅度改动。只拆除封闭的隔墙，用推拉隔墙保证使用的灵活性，强化空间的层次感与流动性，将自然光和自然景由室外延伸至室内。入口被设计成为一个窄长通道，增添空间的神秘感和进入时的仪式感，蓝光的照明旨在营造通道氛围，突出“Blue Space”的品牌内涵。当巨大的胡桃木门缓缓推开时，宽敞、明亮的办公区豁然开朗。作为空间情绪的表达载体，青砖给人以素雅、古朴的感受，看似粗糙简陋，实则是温润含蓄。让人在空间中获得一种心灵上的平静。大面积的留白与精致的细节点缀，虚实相生，自然朴拙，不经意间传递着返璞归真的意境。整块的落地玻璃门窗，让户外与室内环境相映成趣，因地制宜地还原了空间本该有的气质，以致敬“Blue Space”对自由、开放、返璞归真状态的追求。

由此，在繁华的广州天河中心区商圈之中，“Blue Space”像“出淤泥而不染”的莲花般，在各种“华丽”“未来感”“现代风”“复古风”林立的高档办公建筑间，凭借真实、自由、返璞归真、大道至简的气息脱颖而出。整个空间洒脱、大气、毫不媚俗，令人神往。

时尚带给人的是视觉上的感受，质朴则带来心灵的安宁，将时尚与质朴相结合，便是这个办公室的主题：时尚的“清贫”。

在办公室的拐角处，摆放了一个人体模型衣架，旁边是一个黄色的大写 X，而玻璃上则写着学时尚等文字，一切都一目了然 ▶

教 育 平 台
www. fashion.com

▲ 设计师用剥离的手法重构原有空间，90% 的原有饰面被摒弃，却又保留了大面积的拆除痕迹，那些随机的纹理令美得以封存

▲ 摄影师特意找了这个角度，将走廊通道与室内办公共同点放于同一张图里，达到忧郁昏暗与通透明亮的视觉对比。而屋顶的梁架设计都采用裸露外观，包括管道的设计走向等，更加凸显设计主题

▲ 这是办公室的入口处，整个空间都泛着悠悠蓝光，增添了几分神秘感，而挂着牌子的墙面则毫无任何处理，凹凸不平的表象，且纹理各异，两侧墙壁则是一种现代风格

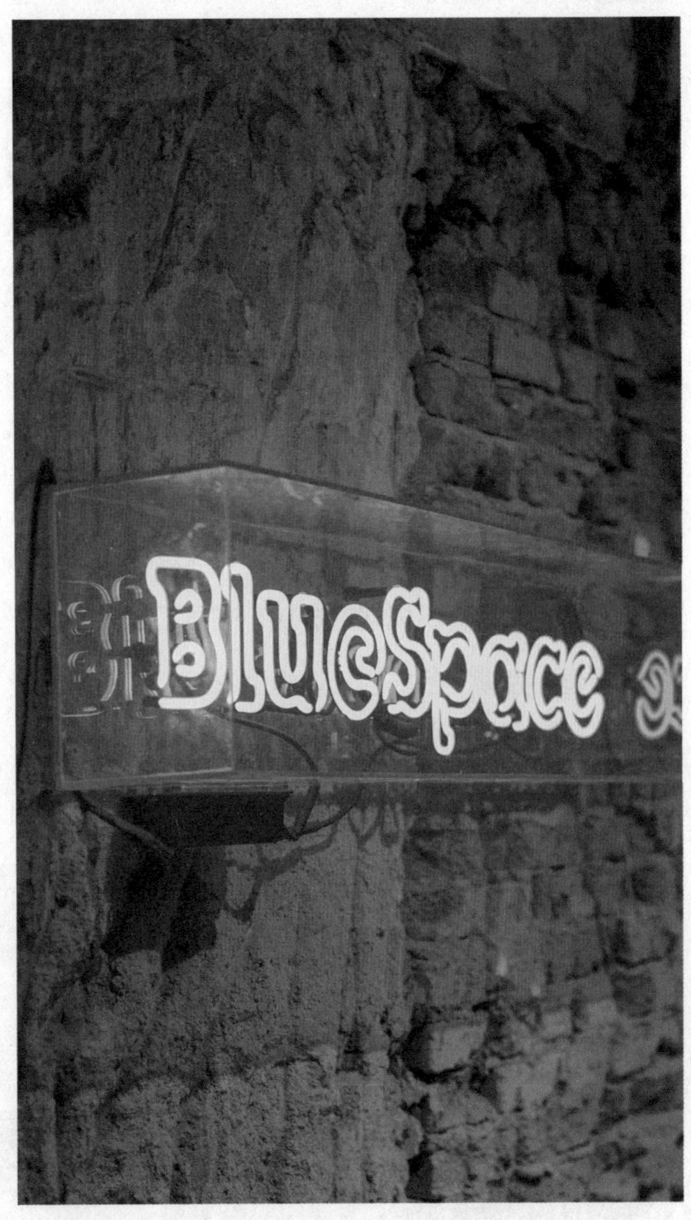

▲ 原始的石砌墙面，未经任何后期处理，直接暴露粗糙的表面

卫生间的设计，设计师们使用青砖作为空间的情绪表达载体，青砖给人以素雅古朴之感，看似粗糙简陋，实则是温润含蓄。裸露的砖墙空间的原生气质显露得淋漓尽致。利落的桌椅、干净的白墙与砖墙形成强烈反差，整个空间复古与现代交融，充满情调。

这里是员工们开会汇报的地方，大面积的白色处理如天花板、墙面、地面和桌椅，唯有一面红砖砌墙，将粗糙的凹凸不平的表面未加装饰，直接暴露于空气中，上面还余留着不规则的抹灰。在员工们工作的办公桌旁边，摆满了各式的人体模型衣架，这是服装设计师们最重要的工作道具，旁边竖着任重道远的书法，用以激励员工，旁边的黑色沙发除了用于休息的实用价值，还能够打破纯白的单调。

▼ 人台、书法，黑板……工具即最好的软装

▲ 卫生间的设计，大面积使用裸露的大块青砖，门的设计，使用半透明的全玻璃，古朴与现代的碰撞结合。把手设计成小圆形，还有干手机的设置，更加人性化

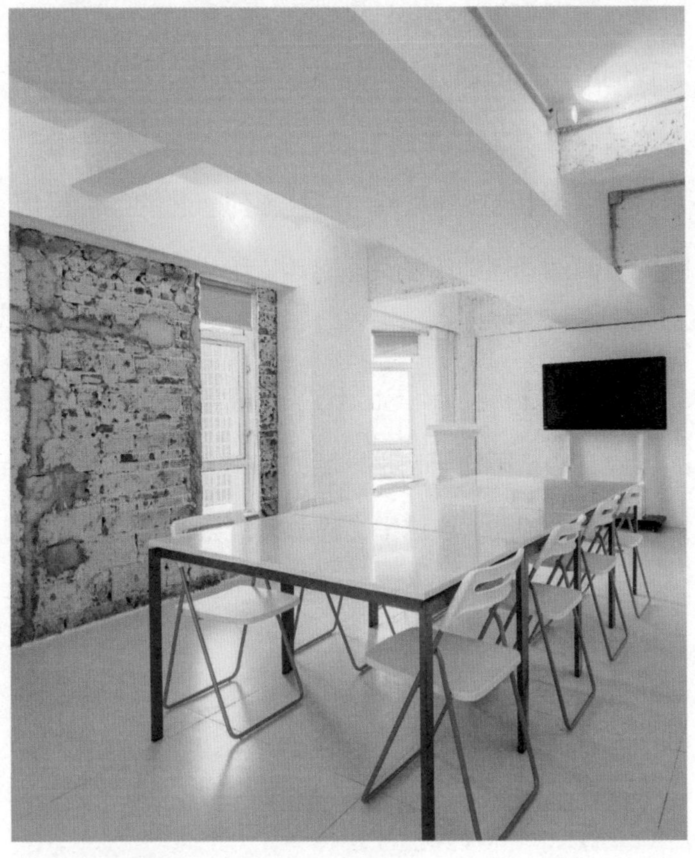

▲ 裸露的顶部、原色红墙，为空间提分

▲ 卫生间的设计，设计师们使用青砖作为空间的情绪表达载体

02 "白"设计

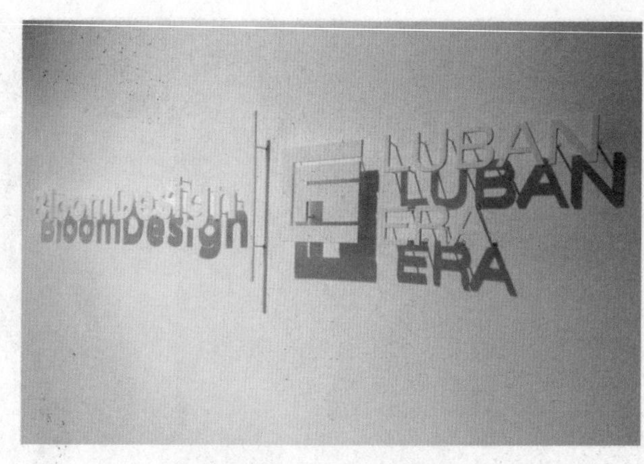

坐标：中国，深圳

"白"设计
——Bloom Design Studio

创意总监：李宝龙 陈小虎
项目团队：邱文娣 张仁强
摄影：聂晓聪
文：颜军 刘阿强（景德镇陶瓷大学）
编辑：高红 林梓琪

"每一次，我都不是在做一组有形的空间规划，每一次，我都在构建一个心中的美好世界。"——李宝龙

来到"Bloom Design Studio"绽放设计，首先映入眼帘便是那寂寥白色外墙和悬浮于墙面的白色公司LOGO，通过光影叠加的手法，呈现出耐人寻味的层次感。作为一个办公空间，它的格局是闭合的。会议室的空间设计较灵活，在符合办公空间美学特点的同时，又契合居住空间的美学。工作区的布局是视觉中心，开放的工作区彰显的是一种彼此信任的人际关系和公平竞争的工作环境。闭合的会议区则保证了信息的私密性。两重性的空间，体现劳逸的合理结合。从公共空间到私人空间，从工作到休息自由切换，毫无违和感。

"白"设计，即是白色充斥着整个空间——白色的地，白的墙，白的玻璃隔断，白的桌椅，白色的麻布吊帘，还有满溢的白色阳光与空灵音乐，这是一个洁净无瑕的空间，通透平静。

办公区内，连续的橡木框玻璃飘窗使整个空间显得通透明亮。Studio的创意总监李宝龙说："光是有生命的，从早到晚随着光线变化，空间中光影变化可以让你感受到时空的流动感。"

"白"设计，看不出刻意雕琢的痕迹——原始的水泥柱，裸露的天花板，复古的红砖墙，一切都未施粉黛。"Bloom Design Studio"联合创始人小虎说："我们追求的设计就是不经意，不刻意，因自然而动人的呈现。"

室内各种茂盛的盆栽与户外郁郁葱葱的绿树遥相呼应，偶然间还能听到几声鸟叫，给人置身森林的错觉，思绪灵感源源涌现。

"Bloom Design Studio"一直怀着一颗对自然的敬畏之心，师法于自然，努力去探寻一种简单的美好和真实的感动。在这里，逗逗猫、浇浇花、喝喝茶，回归单纯，自然而日常。

红砖墙被一直延伸至走廊处，那些过往项目的设计元素被整齐的陈列在走廊陈列架上，似在向人们讲述着每一个项目所经历的故事 ▶

BloomDesign
LUBAN
ERA

▲ 玻璃隔断和展板玻璃遥相呼应，在空间中洒下反射与折射的光晕，虽然于玻璃和红砖的搭配是另类的，但这样陈设的效果却是惊人

盆栽是每个办公室必备的软装，清新环境的同时也具有美观性 ▶

◀ 不同材质的砖木作为展示品，墙面砖块大小不一，厚度参差，强烈的层次感扑面而来，使空间干净利落质感流畅

▲ 茶室作为休息的场所，颇具中式意境的茶具是必不可少的。柔和的光影在素色麻吊帘的拂动下若影若现，一种古朴典雅的朦胧氤氲在四溢的茶香中

▲ 北欧风木椅，曲木弯板完美契合了人体工程学的设计。无拼接，一体弯而成，弧线更好地支持着腰背

▲ 原木摆件，这种自然的结痂开裂也是一种美感的体现

▲ 中式茶具颇具中国传统文化底蕴。原木桌凳吸收了现代家具的简约精髓，使空间独具灵性与韵味

▲ 以麻布吊帘作为空间隔断，让空间更具流动性和灵活性；盆栽的摆设和飘窗外的风景打破了纯白设计的单调感，橡木的门窗框又让人备感闲适和放松

▲ 红砖墙的木门内是一种白的设计，进入这个空间，内外暗亮的视觉冲击是强烈的。简约与自然一直是我们最本能的渴望，哪怕是在最现实，最高楼林立的地方，我们也会有这种渴望

▲ 公司的 LOGO 采用灯管的方式呈现，这样既有特点，又能不惧任何光线的束缚

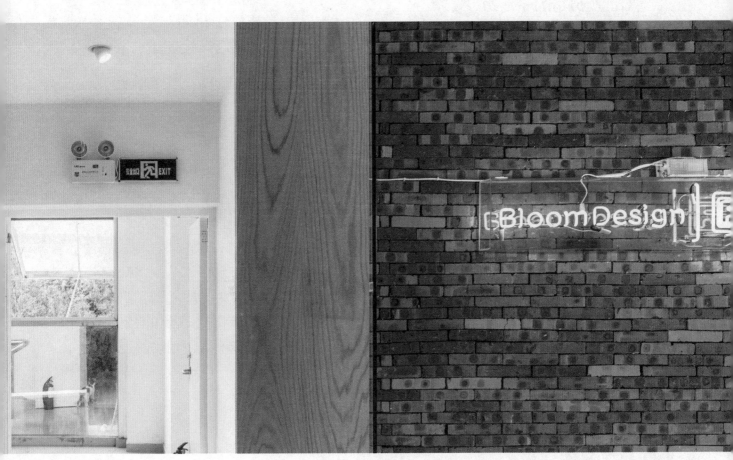

▲ 进门时呈现的是裸砖元素、木艺元素和配上蓝色的灯管元素，时尚又具有特色

祖露材料的智慧

——献给生命里那份不羁和坦诚

裸露管道

管道，既有功能保证的管道，同时，也是房间的“内部装饰”。早期工业风格用祖露并突出管道的方式彰显自己的“反传统”的姿态。但那时候的祖露，为的是强调工业技术和时代感。现代的人们对各种管道和技术都已经非常熟悉。现在还在使用这样的设计，究其原因，就是对此类风格的偏爱，对意趣的偏爱，还有对内装饰成本的节约。

裸灯

“无吊顶”设计在一些工业风、复古风的餐厅中应用更加广泛。首先无吊顶的设计可以节约成本，其次可以通过裸露的材质和设计感十足的灯饰营造出复古感。

裸露水泥

现今裸露的混凝土在室内设计中越来越受宠。很多人在打造自己的居室时开始倾向于更加简洁和自然的风格，不需过多装饰。而混凝土最本真的模样俨然就是这一愿景的最佳回答。当然，极具创意的设计师还可以在材质上大做文章，利用材质的特征做出纹理和装饰感，使空间更具雕塑感和现代感。

裸砖

自然、粗犷的裸砖常用于室外，但在“裸装”中，常把这一元素运用到室内，老旧却摩登感十足。裸砖具有随性不羁的特性。可以与室内其他墙面形成视觉反差，更出彩 。

裸露金属

自工业革命起，大量的金属制生活用品开始源源不断地出现在人们的生活中。现在，金属的软装还能做得比装置和艺术品更酷，更炫。把金属网或者构建喷涂上红、黄、蓝、绿等鲜艳的颜色，在 20 世纪六七十年代的早期工业革命时期，就已经很盛行，此类手法沿用到现在，其实在色彩上已经很难再有质的飞跃。而现在设计在材料、构成肌理和光的使用上，不断突破。大有无限的施展空间。

裸顶与吊灯

在“裸露”的室内设计中，最常用的就是无吊顶，让天花的材质完完全全暴露在视线所中。裸顶具有粗狂不羁的特性。

裸石

裸石在现代空间中的运用总是别有洞天。豪华的现代室内风格与古风的石材外观，可以碰撞出令人叹为观止的火花。设计师在保持传统风格的同时将设计风格与时俱进。这种传统与未来的交融碰撞是保存与更新之间，传统与新潮之间的完美对话。

裸露木质

“裸装”常有原木的踪迹。许多铁制的桌椅会用木板来作为桌面或椅面，如此一来就能够完整的展现木纹的深浅与纹路变化。尤其是那些老旧的、有年纪的木头，让家具更富有质感。除此之外，木制灯具也是室内吸睛的特色之一。